水产养殖用药减量行动系列丛书

渔药知识手册

全国水产技术推广总站　编

U0307363

中国农业出版社

北　京

水产养殖用药减量行动系列丛书

丛书编委会

主　编　崔利锋

副主编　刘忠松　于秀娟　陈学洲　冯东岳

编　委（按姓氏笔画排序）

丁雪燕　王　飞　王　波　王金环

邓玉婷　邓红兵　艾晓辉　田建忠

刘胜敏　李　斌　李爱华　沈锦玉

宋晨光　张朝晖　陈　艳　胡　鲲

战文斌　姜　兰　贾　丽　黄树庆

康建平　蒋　军　鲁义善

水产养殖用药减量行动系列丛书

本书编委会

主　　编　于秀娟　　陈学洲

副主编　冯东岳　胡　鲲　曹海鹏

编　　委（按姓氏笔画排序）

于秀娟　冯东岳　宋晨光　陈　艳

陈学洲　胡　鲲　黄宣运　曹海鹏

丛书序

为贯彻落实新发展理念，推进水产养殖业绿色高质量发展，2019年，经国务院同意，农业农村部会同国家发展改革委等10部委联合印发了《关于加快推进水产养殖业绿色发展的若干意见》（以下简称《意见》），提出了新时期推进水产养殖业绿色发展的目标任务和具体举措。这是新中国成立以来第一个经国务院同意、专门针对水产养殖业的指导意见，是当前和今后一个时期指导我国水产养殖业绿色发展的纲领性文件，对水产养殖业转型升级和绿色高质量发展具有重大而深远的意义。

为贯彻落实《意见》部署要求，大力发展生态健康的水产养殖业，2020年，农业农村部启动实施了水产绿色健康养殖"五大行动"，包括大力推广生态健康养殖模式，稳步推进水产养殖尾水治理，持续促进水产养殖用药减量，积极探索配合饲料替代幼杂鱼，因地制宜试验推广水产新品种等五个方面，并将其作为今后一段时期水产技术推广重点工作持续加以推进。其中，水产养殖用药减量行动要求坚持"以防为主、防治结合"的基本原则，大力推广应用疫苗免疫和生态防控等技术，加快推进水产养殖用药减量化、生产标准化、环境清洁化。围绕应用生态养殖模式、选择优良品种、加强疫病防控、指导规范用药和强化生产管理等措施，打造一批用药减量、产品优质、操作简单、适宜推广的水产养殖用药减量技术模式，发掘并大力推广"零用药"绿色养殖技术模式，因地制宜组织示范推广应用。

为有效指导各地深入实施水产养殖用药减量行动，促进提升水产品质量安全水平，我们组织编写了这套《水产养殖用药减量行动系列丛书》，涉及渔药科普知识、水产养殖病原菌耐药性防控、水产品质量安全管理等多方面内容。丛书在编写上注重理念与技术结合、模式与案例并举，力求从理念到行动、从技术手段到实施效果，使"水产养殖减量用药"理念深入人心、成为共识，并助力从业者掌握科学用药原理与技术，确保"从养殖到餐桌"的水产品质量安全，既为百姓提供优质、安全、绿色、生态的水产品，又还百姓清水绿岸、鱼翔浅底的秀丽景色。

期待本套丛书的出版，为推动我国早日由水产养殖业大国向水产养殖业强国转变做出积极贡献。

丛书编委会

2020 年 9 月

前　言

随着我国水产养殖进入绿色高质量发展阶段，对水产品质量安全水平也提出了更高的要求。近些年来，随着水生动物养殖品种和单位面积产量不断增加和提高，养殖模式不断多样化，水生动物产品流通越来越频繁，水生动物疾病防治形势依然严峻。渔药是用以预防、控制和治疗水产动植物的病虫害，促进养殖品种健康生长，增强机体抗病能力以及改善养殖水体质量的一切物质，是水产养殖病害防治中的必需投入品，而且直接关系到水产品的食用安全和养殖环境的污染，在我国水产养殖业中发挥着重要的、积极的作用。

然而，许多地区一些水产养殖户由于缺乏专业知识，渔药使用不科学、不规范，不仅导致水生动物病害防治效果不佳，甚至还出现渔药残留超标的现象，对水产品质量安全构成潜在威胁。因此，普及渔药知识，科学指导渔民做到科学规范用药、减量用药，是提高我国水产品质量安全水平及跨越"绿色壁垒"的根本措施之一。

为宣传和指导广大养殖生产者科学、合理和规范使用国家标准渔药，确保水产养殖产品的质量安全，我们组织专家编写了这本《渔药知识手册》，全面、系统地介绍了渔药有关知识，主要内容包括渔药的概念、特点及其使用，渔药药效及其作用过程，渔药风险与公共卫生安全、渔药风险评价及控制技术的发展及控制管理、我国批准使用的渔药及其安全使用，渔药风险控制技术等。附录中收录了渔药有关名词和术语，以及国内外有关渔药使用的管理要求相关文件。

　　本书可供广大水产养殖从业者参考使用，亦可作为水产技术推广从业人员的培训用书。

　　由于编者水平有限，书中难免存在疏漏和错误，恳请广大读者批评指正。

编　者
2020 年 12 月

目　录

第一章　渔药的概念、特点及其使用

第一节　渔药的概念和作用

一、渔药及其相关概念

1. 药物与渔药　药物是指可以改变或查明机体的生理功能及病理状态，可用于预防、治疗、诊断疾病，或者有目的地调节生理机能的物质。凡能通过化学反应影响生命活动过程（包括器官功能及细胞代谢）的化学物质都属于药物范畴。

使用药物是防治病害的主要手段之一。渔用药物（以下简称"渔药"）属于兽药，渔药是指专用于渔业方面、有助于水生动植物机体健康成长的药物。其范围限定于水产增养殖渔业，而不包括捕捞业和水产品加工业方面所使用的药物。渔药的使用对象为鱼、虾、贝、藻、两栖类、水生爬行类以及一些观赏性的水产经济动植物。

按照《兽药管理条例》的规定，渔药是指用于预防、治疗、诊断水生动物疾病或者有目的地调节其生物机能的物质（包括药物饲料添加剂），主要包括血清制品、疫苗、诊断制品、微生态制品、中药材、中成药、化学药品、抗生素、生化药品、放射性药品及外用杀虫剂、消毒剂。

值得特别指出的是，兽用（渔用）麻醉药品、精神药品、毒性药品和放射性药品等特殊药品，需依照国家有关规定管理。

水产养殖行业在增加优质动物蛋白供应、增加农民收入、调整农业结构和保障粮食安全等方面发挥了重要作用。中国不仅是世界上最大的水产养殖国家（水产养殖产量占全世界总产量的60％以上），也是世界上最大的渔药生产和使用国。在我国水产养殖业高速发展的过程中，渔药在病害防控等方面一直发挥着积极的作用。随着党的十九大提出实施乡村振兴战略，绿色发展成为水产养殖业转型升级、实现提质增效的主旋律。渔药事关水产品质量安全、公共卫生安全和环境保护，更是水产品对外出口贸易中的关键技术支撑点。渔药的使用必须经过政府主管部门的批准，新时代对渔药的发展提出了新的要求。

2. 渔药剂型与制剂　药物原料来自植物、动物、矿物以及化学合成和生物合成的物质，这些药物原料一般均不能直接用于动物疾病的预防或治疗，必须进行加工，制成适于使用、保存和运输的一种制品形式，这种形式称为药物剂型。剂型可以充分发挥药效、减少药物的毒副作用、便于使用与保存。

制剂是指某一药物制成的个别制品，通常是根据药典、药品质量标准、处方手册等所收载的、应用比较普遍且效果较稳定的具有一定规格的药物制品，如复方甲苯咪唑粉、蛋氨酸碘粉等。

渔药剂型可根据不同的分类方式有不同的分类方法，如有的按给药途径分类，有的按分散系统分类，但常以药物形态为依据进行分类。这种分类方法可将剂型分为以下几类。

（1）液体剂型　是以液体（如水、乙醇、甘油和油类等）为分散介质。药物在一定条件下分别以分子或离子、胶粒、颗粒、液滴等状态分散于液体介质中，如溶液剂、注射剂（又称针剂）、煎剂和浸剂（指由中草药煎煮或浸润的液体剂型）等。

（2）固体剂型　水产药物中，固体剂型种类最多，应用最广，主要用于口服给药，也有部分用于泼洒（或浸浴）给药；口服是将药物混合在饲料中加工制成固体药饵，用于疾病的防治。现有的固体剂型有散剂、片剂、颗粒剂、微囊剂等。

（3）半固体剂型　半固体剂型又称软性剂型，主要有软膏剂和糊剂，其中糊剂是水产药物中的常见剂型。糊剂是一种含较大量粉末成分（超过 25%）的制剂。

药剂学界一般把药物剂型划分为第一代传统剂型、第二代常规剂型、第三代缓控释剂型、第四代靶向剂型。根据水产动物的种类和规格、发病情况、药物的性质等，通过改造药物化学结构，研制开发具窄谱性和针对性的"三效"（高效、速效、长效）、"三小"（毒性小、剂量小、副作用小）和"三定"（定量、定时、定位）的第三代和第四代剂型药物已是水产药物剂型发展的重要方向。

3. 处方、处方药和非处方药　处方，俗称为药方，是临床治疗工作和药剂配制的一类重要书面文件，是药剂人员调配药品的依据，开具处方的人要承担法律、技术、经济责任。针对水产养殖来说，水产用药处方是水生动物类执业兽医师诊断疾病时所开具的一个重要书面文件，它既是水产动物病害防治用药的指导，也是配制现成制剂的依据。处方的拟定应建立在对疾病正确诊断的基础上，根据药理学、药剂学的原理和疾病的状况提出的安全、有效的用药依据。处方的规范性、科学性、实用性、有效性和安全性是处方的关键。

处方包括处方前记、处方正方和处方后记三个部分，处方正方是处方的核心。

处方前记所包括的内容有处方编号、处方日期、养殖单位（场、户）、养殖品种、养殖环境条件、养殖面积、发病情况和临床诊断结论等。

处方正方主要包括药物的名称、数量、剂型、用法用量、休药期及注意事项等重要内容。常在空白的处方部分，以 Rp 或 R 起头，也有用中文"处方"二字作为开头的。然后按药物的名称、规格和数量，逐行书写，每药一行。所开药物应符合《兽药管理条例》《中华人民共和国兽药典》及相关文件的规定。同一处方中各种药物应按它们的作用性质分类依次排列。

处方后记要求水生动物类执业兽医师在处方正方书写完毕及调剂师在处方配制完毕后，应仔细检查核对，然后在处方笺最后签名。

为保障用药安全和水产养殖安全，我国实行水产药物的处方药和非处方药分类管理制度。

处方药是指凭水生动物类执业兽医师处方方可购买和使用的水产药物，因此，未经水生动物类执业兽医师开具处方，任何人不得销售、购买和使用处方水产药物。

非处方药是指由国务院兽医行政管理部门公布的、不需要凭水生动物类执业兽医师处方就可以自行购买并按照说明书使用的水产药物。对处方药和非处方药的标签和说明书，管理部门有特殊的要求和规定。根据水生动物类执业兽医师开具的处方购买和使用水产药物，可以防止药物的滥用（特别是抗生素和合成抗菌药），或减少水产品中的药物残留，达到保障水产动物用药规范、安全有效的目的。

二、渔药的作用

渔药的主要作用包括以下几方面。

1. 预防和治疗疾病　如磺胺类药物和甲氧苄啶可分别抑制鱼类细菌病原中的二氢叶酸合成酶和二氢叶酸还原酶，导致四氢叶酸缺乏，从而抑制鱼类细菌病原的繁殖。

2. 消灭、控制敌害　如口服阿苯咪唑可驱杀寄生在鲤体内的九江头槽绦虫（*Bothriocephalus* spp.）、长棘吻虫（*Rhadinarhynchus* spp.）以及黄鳝体内的毛细线虫（*Capillaria* spp.）等寄生虫。

3. 改善水产养殖环境　如含氯石灰的主要成分次氯酸钙遇水产生次氯酸和次氯酸离子，次氯酸不稳定，随即放出活性氯和初生态氧，从而对细菌原浆蛋白产生氯化和氧化反应，起到改善水产养殖环境的作用。

4. 增强水产动物抗病力　如芪参散中的黄芪、人参、甘草与饲料充分搅拌均匀后投喂水产动物，能增强其免疫功能，提高抗应激能力。

5. 促进水产动植物的生长及调节其生理功能　如维生素 C 经口服后能在鱼类小肠处被吸收，分布可达全身。维生素 C 参与机体氧化还原过程，影响核酸的形成、铁的吸收、造血机能、解毒功能。

6. 诊断疾病　如对虾白斑综合征病毒检测试剂条能快速诊断对虾体内是否携带白斑综合征病毒。

第二节　渔药的特点和种类

一、渔药的特点

相比人用药物、兽药及农药，渔药应用对象特殊，且易受环境因素影响。渔药应用对象主要是水生动物，其次是水生植物以及水环境。渔药需要以水作为介质作用于鱼体，因此其药效受水环境的诸多因素（如水质、水温等）影响。

渔药具有以下特点。

1. 渔药涉及对象广泛、众多　不同品种的水产动物对药物的耐受性、药物对它们所产生的效应以及药物在它们体内的代谢规律会存在较大的区别，相互之间很难借鉴。

2. 渔药给药要以水作为媒介　渔药需通过水的媒介而被动物服用或通过水作用于动物。渔药制剂在水中应具有一定的稳定性，口服药物应具有一定的适口性和诱食性，外用药物应具有一定的分散性和可溶性。

3. 渔药对水产动物是群体受药　在计算用药量时应考虑全体水产动物，而不仅仅是患病的个体；选择用药方法时要以群体疾病得以控制为目的，不能忽视那些带病的或亚健康甚至健康的个体；评价用药效果时不是仅仅以患病个体是否痊愈为依据，而是要考虑到整个水体中的养殖动物死亡趋势是否有所缓解，生理活动是否得以恢复。

4. 渔药的药效易受环境影响　水温是影响渔药效果的一个重要因素。一般而言，高温会促进渔药在水产动物体内的代谢过程。除了水温之外，水体盐度、酸碱度、氨氮和有机质（包括溶解和非溶解态）等理化因子，微生物、浮游生物、养殖生物等生物因子也可影响渔药的作用。

5. 渔药具有一些特殊的给药方式　除了口服（包括口灌）和

注射的体内用药方式外，还有将药物分散于水中使其作用于水产动物体表的体外用药方法，如遍洒法和浸浴法（还可以分为瞬间浸浴法、短时间浸浴法、长时间浸浴法、流水浸浴法），此外还派生有挂篓（袋）法、浸沤法、浅水泼洒法等。

6. 渔药的安全使用具有重要的意义　由于渔药大多数是以水为媒介给予，因此渔药不能对水环境造成污染和难以修复的"破坏"。如果水产药物的原型及其代谢产物或可能形成的化合物形成长期难以降解的有毒有害物质，那么它就有可能对周边水域生态环境造成严重破坏，导致许多环境不安全因素的出现。

7. 渔药应价廉、易得　经济、价廉、易得是渔药选择时的重要考虑因素。

二、渔药的种类

按渔药的使用目的，一般可分为以下几类。

1. 抗微生物药物　指通过内服或注射，杀灭或抑制体内病原微生物（包括细菌、真菌等）繁殖、生长的药物。包括抗病毒药、抗细菌药、抗真菌药，如硫酸新霉素粉、氟苯尼考粉等。

2. 环境改良剂及消毒剂　指用以改良养殖水域环境的药物，包括底质改良剂、水质改良剂以及用以杀灭水体中的有害生物的药物，如生石灰、沸石粉、漂白粉、高锰酸钾等。

3. 杀虫驱虫药物　指通过药浴或内服，杀死或驱除体外或体内寄生虫的药物以及杀灭水体中有害无脊椎动物的药物，如硫酸铜、硫酸亚铁粉、精制敌百虫粉等。

4. 调节水产动物生理功能的药物　指以改善养殖对象机体代谢、增强机体抗病力、促进病后恢复及促进生长为目的而使用的药物。通常以饵料添加剂方式使用，如维生素C钠粉等。

5. 中草药　指为防治水产动植物疾病或改善养殖对象健康状况而使用的经加工或未经加工的药用植物（或动物），又称天然药物。如大黄末、五倍子末等。

6. 生物制品　指通过生物化学、生物技术制成的药剂，通常有特殊功能。包括疫苗、免疫增强剂等。

7. 其他 包括增效剂、解毒剂等用作辅助治疗的药物等。

有些渔药具多种功能，如生石灰既具改良环境的功效，又有消毒的作用。

第三节 渔药的使用原则及其管理

一、渔药的使用必须遵守的原则

渔药使用时必须遵守以下原则。

（1）严格遵守国家有关法规，选用符合国家规定、经过严格质量认证的药物，杜绝使用违禁药物。

（2）制定合理的用药方案，认真做好用药记录，坚持"预防为主，防治结合"的方针，提高用药效率，减少用药量。

（3）严格遵守休药期的规定。大多数渔药在我国主要养殖的水产动物体内的休药期均有相应的规定。同一种水产动物，对于不同的渔药、不同的温度以及不同的用药方法，其休药期是不同的。

二、渔药使用的注意事项

使用渔药的目的，是在保障水产养殖的安全的前提下控制水产动物病害的发生和蔓延。使用渔药时要充分注意安全。

1. 靶动物安全 指所选择的一种或多种药物对施药对象不构成急性、亚急性、慢性毒副作用，并对其子代不具有致畸、致突变、致癌及其他危害。在制定用药方案时，需对水产动物疾病的类型、疗效、毒副作用综合考虑，慎重地选用药物，采用合理的剂量。

2. 水产品安全 指所养殖的水产动物任何可食用部分不存在损害或威胁人体健康的有毒有害物质，不会导致消费者患病或给消费者的健康带来不利影响。除了水产品因携带某些病原所引起的食源性疾病外，水产品药物残留超标也是影响水产品安全的一个重要因素。药物残留是指水产品的任何可食用部分所含药物的母体化合物或（和）代谢产物，以及与药物母体有关的杂质的残留。药物残留既包括原药，也包括药物在动物体内的代谢产物。此外，药物或其代谢产物还能与内源大分子共价结合，形成结合残留，它们对靶动物具有潜在毒性作用。

3. 环境安全　渔药的使用必须要考虑药物给周边水域环境带来的影响，确保环境和生态安全。

三、渔药的管理

1. 渔药的审批　国务院颁布的《兽药管理条例》（2004 年）规定，国务院兽医行政管理部门负责全国的兽药（包括渔药）监督管理工作。县级以上地方人民政府兽医行政管理部门负责本行政区域内的兽药监督管理工作。

水产用兽药要经农业农村部的审批，才能生产和经营。

2. 新渔药的研制　研制新渔药，应当具有与研制相适应的场所、仪器设备、专业技术人员、安全管理规范和措施。

需要特别指出的是，研制新渔药，应当进行安全性评价。从事兽药安全性评级的单位，应当经国务院兽医行政部门认定，并遵守兽药非临床研究质量管理规范和兽药临床试验质量管理规范（good laboratory practice，GLP）。

临床试验完成后，新渔药研制者向国务院兽医行政管理部门提出新兽药注册申请时，应当提交新兽药的样品和下列资料：

（1）名称、主要成分、理化性质。

（2）研制方法、生产工艺、质量标准和检测方法。

（3）药理和毒性试验结果、临床试验报告和稳定性试验报告。

（4）环境影响报告和污染防治措施。

3. 渔药的生产、经营　渔药生产企业生产渔药，应当取得国务院兽医行政管理部门核发的产品批准文号，产品批准文号的有效期限为 5 年。产品批准文号的核发办法由国务院兽医行政管理部门制定。渔药出厂前应当经过质量检验，不符合质量标准的不得出厂。

渔药经营者必须凭兽药经营许可证办理工商登记手续。兽药经营许可证应当载明经营范围、经营地点、有效期以及法定代表人姓名、住址等事项。

4. 渔药的进出口　境外企业不得在中国直接销售渔药。境外企业在中国销售渔药，应当依法在中国境内设立销售机构或委托符合条件的中国境内代理机构。首次向中国出口的渔药，由出口方驻中国境内的办事机构或者其委托的中国境内代理机构向国务院兽医行政管理部门申请注册，并提交相关材料。

向中国境外出口渔药，进口方要求提供渔药出口证明文件的，国务院兽医行政管理部门或者企业所在的省、自治区、直辖市人民政府兽医行政管理部门可以出具渔药证明文件。

5. 渔药的使用　渔药的使用单位应当遵守国务院兽医行政管理部门制定的渔药安全使用规定，并建立用药记录。禁止使用国务院兽医行政管理部门禁止使用的药品和其他化合物。禁止使用的药品和其他化合物目录由国务院兽医行政管理部门制定公布。

有休药期规定的渔药用于食用动物时，饲养者应当向购买者提供准确、真实的用药记录；购买者应当确保动物及其产品在用药期、休药期内不被用于食品消费。

经批准可以在饲料中添加的渔药，应当由渔药生产企业制成药物饲料添加剂后方可添加。禁止将原料药直接添加到饲料及动物饮用水中，或者直接饲喂动物。禁止将人用药品用于动物。

国务院兽医行政部门应当制定并组织实施国家动物及动物产品药物残留监控计划。药物残留限量标准和残留检测方法由国务院兽医行政管理部门制定发布。禁止销售含有违禁药物或药物残留超过标准的食用产品。

6. 渔药监督管理　县级及县级以上人民政府兽医行政管理部门行使渔药监督管理权。渔药检验工作由国务院兽医行政管理部门和省、自治区、直辖市人民政府兽医行政管理部门设立的兽药检验机构承担。国务院兽医行政管理部门，可以根据需要认定其他检验机构承担渔药检验工作。

渔药应当符合相关国家标准。由国家兽药典委员会拟定并由国务院兽医行政管理部门发布的《中华人民共和国兽药典》和国务院兽医行政管理部门发布的其他兽药质量标准为国家标准。渔药国家标准的标准品和对照品的标定工作由国务院兽医行政管理部门设立的兽药检验机构负责。

7. 法律责任　未按照国家有关渔药安全使用规定使用渔药、未建立用药记录或者记录不完整、不真实的，或者使用禁止使用的药品和其他化合物的，处1万元以上5万元以下罚款；对他人造成损失的，依法承担赔偿责任。

销售尚在用药期、休药期内的动物及其产品用于食品消费的，或者销售含有违禁药物和药物残留超标的动物产品用于食品消费的，责令其对含有违禁药物和兽药残留超标的动物产品进行无害化处理，没收违法所得，并处3万元以上10万元以下罚款；构成犯罪的，依法追究刑事责任；给他人造成损失的，依法承担赔偿责任。

未经兽医开具处方药销售、购买、使用兽用处方药的，责令其限期改正，没收违法所得，并处5万元以下罚款；给他人造成损失的，依法承担赔偿责任。

第二章 渔药药效及其作用过程

第一节 渔药的代谢作用

一、渔药的体内过程

渔药进入水产动物机体后即产生药效，然后再由机体排出体外，在此期间经历了吸收、分布、代谢和排泄 4 个基本过程，这个过程称为药物的体内过程。

在这个过程中，代谢和排泄是渔药在体内逐渐消失的过程，称为消除，分布和消除又统称为处置。渔药在空间位置上的迁移，称为转运；而其发生化学结构和性质上的变化，称为转化，其产物则称为代谢物。渔药的体内过程影响着渔药的起效时间、效应强度和持续时间。

1. 转运 渔药的吸收、分布和排泄等体内过程，均需要通过体内的各种生物膜进行跨膜转运。生物膜是细胞膜和细胞器膜的统称，细胞器膜包括核膜、线粒体膜、内质网膜和溶酶体膜等。了解生物膜及药物跨膜转运的类型和影响因素，就能理解和掌握药物吸收、分布、代谢和排泄的规律。

药物的跨膜转运方式，按其性质不同可分为被动转运和主动转运两种。

（1）被动转运 又称下山转运或顺梯度转运，是指药物从高浓度一侧向低浓度一侧扩散的过程。被动转运主要有三种形式：①不需要能量的载体扩散，称为易化扩散，多见于某些与机体新陈代谢有关的物质。②水溶扩散，又称滤过，指某些水溶性小分子的药物受流体静压或渗透压的影响，通过生物膜孔的转运方式。③脂溶扩散，又称简单扩散，脂溶性药物通过与生物膜的脂质双分子层融合而进行的跨膜转运。转运程度与药物的理化性质、分子质量、脂溶性、极性及解离度等密切相关。由于水产动物胃肠道消化液为酸性，所以呈弱酸性的磺胺类药物易于被吸收，而极性较强的季铵盐类则较难透过生物膜而不易被吸收。

（2）主动转运　又称上山转运或逆梯度转运，它要依靠细胞膜上特异性载体并消耗能量，使药物可以从低浓度一侧向高浓度一侧转运。由于载体对药物存在特异性选择，载体的数量有限，结构相似的药物与内源性的物质可竞争同一载体，所以主动转运有选择性、饱和性和竞争性，并可发生竞争性抑制现象。

2. 吸收　吸收是指药物由给药部位进入血液循环的过程。影响药物吸收的主要因素如下。

（1）给药途径　不同的给药途径，可直接影响药物的吸收速度和程度。一般来说，不同给药途径药物吸收的快慢依次为：血管注射＞肌内注射＞腹腔注射＞浸浴＞口服。

（2）渔药的理化性质及其制剂的性质　药物的分子质量、颗粒大小、脂溶性、极性及解离度等均影响其吸收。此外，同一种药物的不同制剂也可影响吸收的速度和程度。

（3）机体的生理因素　水产动物的年龄、性别、健康状况等会影响药物的吸收。

（4）首过效应　又称首过消除。有些药物在进入体循环之前首先在肝脏、胃肠道、肠黏膜细胞被消耗一部分，导致其进入体循环的实际药量减少，这种现象叫作首过效应。大多水产动物对渔药都存在这种现象。首过效应高时，生物利用率低，机体可利用的有效药物量少。在这种情况下，要达到治疗浓度，就必须加大用药剂量；但剂量加大，就会可能因代谢产物的增多而出现毒性。因此对于首过效应高的渔药在大剂量口服时，要注重了解其代谢产物的毒性作用和消除过程。

3. 分布　渔药吸收后从血液循环到达水产动物机体各个部位和组织的过程称为分布。体内的分布不仅影响着药物的储存与消除速率，也影响其药效和毒性。药物的分布具有以下明显规律：①先向血流量相对较多的组织分布，然后向血液量相对较少的组织转移。②药物在体内呈不均匀分布，有明显的选择性。③给药一段时间，血液和组织中的浓度达到相对平衡，此时血药浓度可间接反映靶器官药物浓度水平，由此，测定血药浓度就可预测药效强度。

影响药物分布的因素较多，如药物脂溶性、pK_a、分子质量等理化性质，体液的 pH、血液和组织间的浓度梯度、组织和器官的血流量、毛细血管的通透性、药物转运载体的数量和功能，药物与组织的亲和力等，尤其重要的是体内屏障和药物与血浆蛋白的结合率。

药物在血液和器官组织之间转运时，会受到各种因素的干扰和阻碍，这种现象称为屏障现象，如血脑屏障等。屏障作用是机体的自我保护机制之一。

进入血液循环的药物常以一定比例与血浆蛋白结合，药物与血浆蛋白的结合率影响着药物在体内的分布。蛋白结合率高，表明渔药在体内消除较慢，作用维持时间较长。研究表明，药物与血浆蛋白的结合率与水产动物种类、生理状况以及药物性质和浓度有关，也与血浆蛋白的分子质量相关。

4. 生物转化　生物转化是指渔药在体内发生化学结构改变的过程，常称为代谢。肝脏是药物生物转化的主要器官。生物转化的意义在于使水产药物的药理活性改变，大部分药物会发生以下 4 种变化：①药物丧失原有的药理作用，由活性药物转化为无活性药物；②无活性药物经体内代谢后生成具有药理活性的代谢物；③活性药物经代谢后仍保留原有的药理作用，仅在作用程度上有所改变；④药物在体内代谢后生成具有毒性的代谢物。

5. 排泄　排泄是指渔药及其代谢产物被排出体外的最终过程，也是药物最后彻底消除的过程。水产动物消除药物的器官和组织相应较多。总的来说，药物排泄主要有肾脏排泄和非肾脏排泄两种方式。非肾脏排泄的方式有胃肠道排泄、肝脏排泄、胆汁排泄、呼吸器官（如鳃、鳃上腺、肺等）排泄等，较低等的水产动物（虾、蟹等甲壳类）还可以通过肝胰腺、触角腺排泄。

二、渔药的速率过程

药物在水产动物体内转运及转化，伴随着其在不同器官、组织、体液间的浓度变化，这种变化是一个随时间变化而变化的动态过程，称为速率过程，亦称动力学过程。通过绘制曲线图，选取适当模型，建立数学方程，可以推导出药物动力学（简称药动学）参数。定量地描绘药物在体内的动态变化过程，是制定和调整给药方案的重要依据。

1. 血药浓度与时量曲线　血药浓度可客观地反映作用部位的药物浓度，还能反映药物在体内吸收、分布、生物转化和排泄过程中总的变化规律。如果给药后，以血药浓度（或血药对数浓度，C）为纵坐标，以时间（t）为横坐标，绘出曲线图，称为血药浓度-时间曲线（C-t），简称时量曲线（图 2-1）。

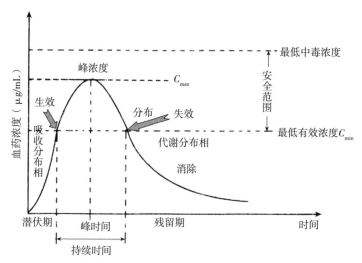

图 2-1　药物的血药浓度-时间曲线

时量曲线中，曲线的升段主要是吸收过程，当处于峰浓度（C_{max}），即峰值时，吸收速度与消除速度相等。曲线的降段主要是药物的消除过程。从给药至出现峰值浓度的时间称为峰时，峰时间短，表明药物吸收快，起效迅速，但同时消除也快；反之则表明药物吸收和起效慢，作用持续时间也往往较长。峰时间是研究药物制剂的一个重要参数。血药浓度超过有效浓度（低于中毒浓度）的时间称为有效期。

2. 定量规律

（1）吸收的定量规律 药物自用药部位进入体内循环的速度称为吸收速度，药物进入体循环的相对量则称为吸收程度，这两者是描述吸收定量规律的两个基本参数。

药物的吸收速度影响着药物的显效时间、持续时间、药物达峰时间、峰浓度以及药物的毒性反应。吸收速率常数（K_a）是描述药物吸收速度的主要参数之一。K_a 越大，吸收越快，时量曲线上升段越陡峻，药物达到峰浓度时间越短，生效越快。

评价药物吸收程度的主要指标是曲线下面积（AUC）和生物利用度（F）。曲线下面积是在时量曲线上由横坐标轴与时量曲线围成的面积，它代表一段时间内血液中药物的相对累积量。AUC 是研究药物制剂的一个重要指标，其单位为 $\mu g/(mL \cdot h)$。生物利用度是指血管外给药时，药物吸收进入血液循环的相对数量，它反映药物制剂被机体吸收利用的程度，是评价药物制剂质量的一个重要指标。生物利用度通常用药量（D）占吸收进入血液循环的药量（A）的百分比表示，即生物利用度（F）$= A/D \times 100\%$。生物利用度还可用绝对生物利用度和相对生物利用度来测算，即：

绝对生物利用度（F）$= AUC$（试验）$/AUC$（静脉注射）；

相对生物利用度（F_r）$= AUC$（试验）$/AUC$（对照）。

（2）分布的定量规律 药物分布于组织和器官的特点各不相同，将分布特点相近的组织和器官归纳于一个或几个房室，这种数学分析模型叫作房室模型，它是一种抽象的表达方法，并非指机体中的某一器官或组织，是药动学研究中广泛采用的模型之一。房室数目根据药物在体内的转运速率进行划分，常见的有一室模型、二室模型和三室模型，并配以相应的数学方程式。

房室模型是一个非常复杂的问题。同一药物对不同的水产动物可能会呈现不同的房室模型，同一药物即使对同一水产动物，如果给药方式不同也会呈现不同的房室模型。必须指出的是，机体并无实际存在的房室解剖学间隔，房室模型也不是药物固有的药代动力学（简称药动学）指标，加上环境、采血时间以及药物浓度分析的方法等因素都会影响着房室模型的判断，因此越来越多的研究者逐渐放弃房室模型，而采用适用于所有药物的非房室模型法来解决药动学的实际问题，如生理学-药动学模型、药动学-药效学组合模型、统计矩等。

分布容积（V_d）是指药物进入机体后，理论上应占有体积的容积量（L 或 L/kg），即房室模型中房室的容积，它是一个由计算所得到的理论值，并非药物在体内所占有的实际体积，也不代表某个特定的生理空间，故又称表观分布容积。V_d值反映药物在体内分布的广泛程度。V_d主要取决于药物本身的理化性质，是药物固有的参数，V_d越大，表示药物穿透的组织多，分布广，血药浓度低，药物排泄慢，在体内残留时间长。V_d可指导临床用药剂量。一般情况下，V_d值较稳定，根据 V_d 值及有效治疗浓度可计算出所用药的剂量，或从用药剂量可推算出可能达到的血药浓度。

（3）消除的定量规律

①药物消除动力学。药物的消除是指药物随时间变化其血药浓度不断衰减的过程。

②半衰期（$t_{1/2}$）。半衰期指血药浓度下降一半所需的时间，它是一个固定的数值，不因血药浓度的高低而改变，也不受药物剂量和给药方式的影响，但在水产动物的生理或病理情况有所变化时，某一药物的半衰期会发生变化。半衰期的意义在于：A. 它反映药物消除的快慢程度，也反映机体对药物的消除能力；B. 可用于确定给药的间隔时间；C. 根据 $t_{1/2}$ 可将药物分成超短效（$\leqslant$1h）、短效（1～4h）、中效（4～8h）、长效（8～24h）、超长效（>24h）等五类；D. 机体的肝肾功能受损时，药物 $t_{1/2}$ 将会延长，因此，需调整用药剂量与给药间隔时间。

③血药稳态浓度（C_{ss}）。按恒比消除的药物经过 5 个 $t_{1/2}$ 后，

体内药物已基本消除；如果每隔一个 $t_{1/2}$ 恒量给药一次，则体内血药浓度会逐渐升高，经过 5 个 $t_{1/2}$ 后，给药速度与消除速度相等，血药浓度维持在一个基本稳定的状态，此时浓度称为稳态浓度，或称为坪值。根据 $t_{1/2}$ 可以预测连续给药后达到稳态血药浓度的时间和停药后药物在体内消除所需要的时间。稳态浓度是临床多次给药的一个非常重要的药动学指标，若能将其控制在有效治疗的血药浓度范围内（即 MTC 与 MEC 之间），则可达到理想的效果。

④清除率（CL）。清除率是机体单位时间内清除药物的容积，常以血浆容积表示，单位为 L/h 或 L/（kg·h），故又常称其为血浆清除率，是机体清除药物速率的又一表达方式。其计算公式是：$CL = 0.693 V_d / t_{1/2}$ ［mL/（min·kg）］。大多数药物是通过肝代谢和肾排泄清除的，CL 是肝、肾清除的总和，因此 CL 能反映水产动物的肝肾功能，肝肾功能损伤时，CL 会下降。

三、渔药的典型速率过程

1. 抗生素

（1）四环素类　斑点叉尾鮰口服强力霉素（20mg/kg）后，在肝脏中药物浓度最高，肌肉＋皮中浓度最低。在不同组织中强力霉素的消除速率明显不同（图 2-2）。

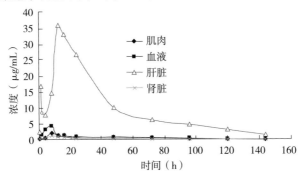

图 2-2　强力霉素在斑点叉尾鮰体内的时量曲线

口服土霉素（100mg/kg）的斑节对虾血淋巴中土霉素浓度随时间的变化曲线见图 2-3。血药浓度与时间关系曲线最适合采用具一级吸收的二室模型拟合。

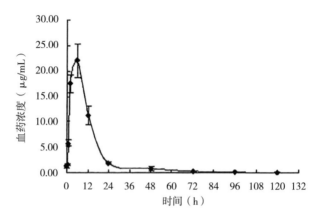

图 2-3　斑节对虾口服土霉素后的时量曲线（$n=6$）

（2）氨基糖苷类　按 25mg/kg 的剂量对吉富罗非鱼单次口服给药后，血药浓度时间数据符合一级吸收二室开放模型，药物消除速度由快到慢依次为：血液、肌肉、肝脏、肾脏（图 2-4）。

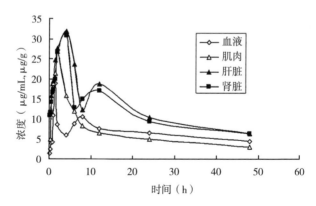

图 2-4　吉富罗非鱼单剂量口服硫酸新霉素后各组织中药物残留

（3）酰胺醇类　以 30mg/kg 剂量拌饲投喂氟苯尼考，其在中华鳖体内吸收快，血药浓度高，维持时间长，生物利用度高，而在肌肉中消除缓慢。

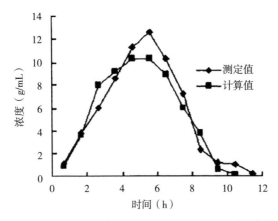

图 2-5　中华鳖口服氟苯尼考（30mg/kg）的时量曲线

2. 喹诺酮类渔药

（1）恩诺沙星和环丙沙星　恩诺沙星是畜禽和水产专用氟喹诺酮类抗菌药物，它的主要代谢产物是环丙沙星。恩诺沙星在中华绒螯蟹体内只有极少部分被代谢为环丙沙星。中华绒螯蟹肝胰脏为环丙沙星的主要残留组织（图 2-6，表 2-1）。

表 2-1　环丙沙星在中华绒螯蟹组织中的消除半衰期

组织		浓度常用对数-时间消除曲线	时间范围（d）	相关系数	消除半衰期（d）	停药期（d）
肌肉	♀	$y=-0.004\,7x+0.080$	1~11	0.835 0	6	62
	♂	$y=-0.005\,1x+0.227$	1~11	0.899 8	6	58
肝胰脏	♀	$y=-0.002\,9x+0.840\,1$	6~22	0.948 4	10	111
	♂	$y=-0.004\,6x+1.938\,1$	4~29	0.952 2	6	80
性腺	♀	$y=-0.002\,9x+0.831\,4$	2~22	0.925 4	10	111
	♂	$y=-0.004\,6x+1.938\,1$	4~29	0.952 2	6	80

（2）诺氟沙星　诺氟沙星在罗氏沼虾、青虾、斑节对虾、凡纳滨对虾等多种水产动物中的药代动力学特征表明渔药具有明显

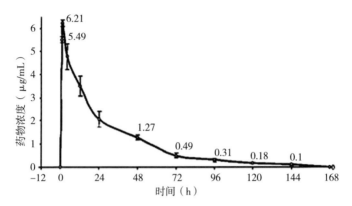

图 2-6 盐酸环丙沙星在中华绒螯蟹雄蟹肌肉组织中浓度变化

的种属差异性，烟酸诺氟沙星在鲤和鲫体内也都呈现出显著的差异性。大黄鱼口服诺氟沙星后，诺氟沙星在肝脏组织中药物浓度最高，肾脏组织中消除速度最快，肌肉中消除速度最慢。随着给药剂量的增加，诺氟沙星的吸收和消除速率均加快（表 2-2，图 2-7）。

表 2-2　肌内注射和药饵给药后凡纳滨对虾不同组织
中药物浓度参数

给药方式	参数	组织		
		肝胰脏	肌肉	血淋巴
肌内注射	C_{max}	$(16.56 \pm 3.90) \mu g/g$	$(5.14 \pm 1.25) \mu g/g$	$(29.33 \pm 5.53) \mu g/mL$
	T_{max}	12min	1min	2min
	AUC	$213.92 \mu g \cdot h/g$	$26.97 \mu g \cdot h/g$	$30.06 \mu g \cdot h/mL$
	CL	$46.75 g/(kg \cdot h)$	$370.78 g/(kg \cdot h)$	$332.67 g/(kg \cdot h)$
药饵	C_{max}	$(404.36 \pm 109.07) \mu g/g$	$(1.58 \pm 0.37) \mu g/g$	$(2.86 \pm 1.15) \mu g/mL$
	T_{max}	2h	4h	4h
	AUC	$4 694.9 \mu g \cdot h/g$	$30.53 \mu g \cdot h/g$	$43.50 \mu g \cdot h/mL$
	CL	$6.39 g/(kg \cdot h)$	$982.64 g/(kg \cdot h)$	$689.66 g/(kg \cdot h)$

（3）氟甲喹　氟甲喹属第二代氟喹诺酮类药物，以较快的速度分布到花鲈组织中，且在肌肉组织中的消除速度也快（图 2-8）。

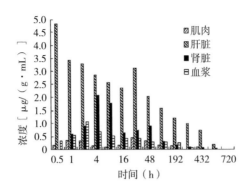

图 2-7 口灌给药后诺氟沙星在大黄鱼血浆、组织中的浓度（10mg/kg）

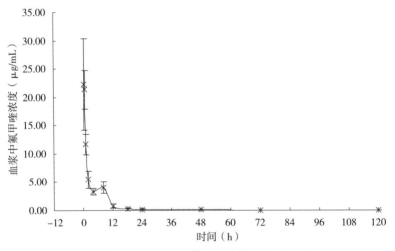

图 2-8 氟甲喹在花鲈体内的代谢过程（$n=6$）

（4）双氟沙星和沙拉沙星 双氟沙星和沙拉沙星第三代氟喹诺酮类抗菌药物，双氟沙星在水产动物体内的主要代谢产物为沙拉沙星。双氟沙星及其代谢产物沙拉沙星在中华绒螯蟹体内消除缓慢，且都呈现多峰现象（图 2-9）。

3. 磺胺类 磺胺类药物在水产动物体内的代谢具有种属差异性。磺胺甲噁唑在草鱼组织中的消除见表 2-3。

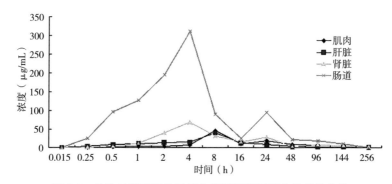

图 2-9　单次口服双氟沙星后中华绒螯蟹组织中的时量曲线

表 2-3　腹腔注射和口服磺胺甲噁唑在草鱼肌肉中的主要药动学参数（$n=5$）

参数名称	单位	18℃（口灌）参数值（$X \pm SD$）	28℃（口灌）参数值（$X \pm SD$）	18℃（注射）参数值（$X \pm SD$）
D	mg/kg	100	100	100
C_0	μg/mL	151.54±4.46	258.13±8.13	137.76±11.48
A	μg/mL	8 168.78±12.14	2 173.33±16.14	—
B	μg/mL	4.24±0.34	6.21±0.31	—
α	h	0.263±0.021	0.465±0.071	—
β	h	0.014±0.009	0.022±0.006	—
K_A	h	0.267±0.059	0.526±0.052	—
K_{12}	h	0.076±0.058	0.139±0.079	—
K_{21}	h	0.021±0.037	0.032±0.037	—
K_{el}	h	0.179±0.056	0.316±0.077	—
$LAGTIME$	h	0.143±0.093	0.00	0.00
$T_{1/2\alpha}$ （$T_{1/2k\alpha}$）	h	2.64±0.33	1.49±0.11	0.535±0.421
$T_{1/2\beta}$ （$T_{1/2k}$）	h	48.59±1.14	31.94±0.65	9.73±0.58
AUC	mg/(L·h)	843.66±6.9	816.27±4.82	1934.5±17.9
T_p	h	4.01±0.22	2.06±0.12	2.37±0.36
C_{max}	μg/mL	57.22±2.27	102.37±3.11	116.37±5.74

4. 杀虫剂　盐度会影响吡喹酮代谢过程。咸水中草鱼体内吡

喹酮的代谢比淡水中的要快，咸水中鱼体组织内吡喹酮残留的浓度也更低（图2-10）。

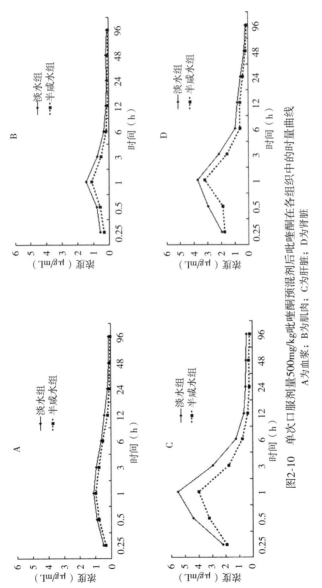

图2-10　单次口服剂量500mg/kg吡喹酮预混剂后吡喹酮在各组织中的时量曲线
A为血浆；B为肌肉；C为肝脏；D为肾脏

第二节　渔药的效应

药物的效应是指继发于渔药作用之后的水产动物机体功能和形态的变化。

一、基本作用

1. 药物作用的表现形式　药物的作用都是在机体原有生理功能和生化过程的基础上产生的，即主要表现为使机体原有的生理、生化功能加强或减弱。凡能使机体生理和生化反应加强的称为兴奋，能引起兴奋作用的药物称为兴奋药；而使机体功能活动减弱的称为抑制，能引起抑制作用的药物称为抑制药。兴奋和抑制在一定条件下可以相互转化，中枢过度兴奋（如长时间惊厥不止）则可导致中枢衰竭性抑制（超限抑制），甚至致死。

2. 药物作用的方式

（1）局部作用和吸收作用　药物仅在用药部位产生的作用称为局部作用，如用高锰酸钾局部消毒，在用药部位所产生的氧化作用。局部作用不仅表现在水产动物体表，也可表现在水产动物的体内。如口服阿苯咪唑可驱杀寄生在鲤体内的九江头槽绦虫、长棘吻虫以及黄鳝体内的毛细线虫等寄生虫。药物经吸收进入血液循环分布到作用部位所产生的作用称为吸收作用或全身作用，如内服药物硫酸新霉素粉等。

（2）直接作用和间接作用　药物吸收后，直接到达某一组织、器官产生的作用称为直接作用或原发作用，如氟苯尼考、复方新诺明等；通过直接作用的结果而使其他组织、器官产生的作用称为间接作用或继发作用。

（3）选择作用　机体不同器官或组织对药物的敏感性是不一样的，多数药物在适当剂量时，只对某些器官或组织产生比较明显的作用，而对其他器官或组织作用较弱或无作用，这种现象称为药物作用的选择性或药物的选择作用。与选择作用相反，有些药物毫无选择地影响机体各器官或组织而产生类似的作用，称为普遍细胞毒作用或原生质毒作用。如消毒药可影响一切活组织中的原生质，被用于体表或环境、器具的消毒。多数渔药的作用都具有选择性，选择性高的药物针对性强，能产生很好的治疗效果，很少或没有副作用；反之，选择性低，针对性不强，副作用也较多。

产生药物作用选择性的基础是药物分布不均匀、药物与组织亲和力不同、组织结构有差异、细胞代谢有差异等，选择性作用在理论上可作为渔药分类的基础，在应用上可作为临床选药的依据，在制药上可作为研究的方向。一般来说，选择性高的药物针对性强，不良反应少，但应用范围窄，如青霉素主要作用机制是抑制细胞壁的合成，所以它对细菌有选择性作用而对哺乳动物的细胞则无明显的影响；而选择性低的药物针对性差，不良反应多，但应用范围广，如广谱抗生素。药物的选择作用是相对的，且与使用剂量有关。

3. 药物作用的两重性

（1）治疗作用　药物作用于机体后，对动物疾病产生治疗效果的作用称为治疗作用；产生与治疗无关，甚至对机体不利的作用称为不良反应。临床用药时，应注意充分发挥药物的治疗作用，尽量减少药物的不良反应。

治疗作用又分为对因治疗和对症治疗。前者针对病因，如抗生素杀灭病原微生物，控制感染；后者针对症状改善，但不能解除发生的原因。对因治疗与对症治疗是相辅相成的，临床应视病情的轻重灵活运用，遵循"急则治其标，缓则治其本，标本兼顾"的原则。

（2）不良反应　药物作用具有两重性，既可呈现对机体有利的治疗作用，又可产生对机体不利的不良反应。凡是不符合用药目的、给水产动物带来不适或有害的反应，统称为药物不良反应，包括副反应、后遗效应、停药反应、毒性反应、变态反应、特异质反应、"三致"反应等。

4. 渔药的作用特点

（1）水产动物种类多，对药物的敏感性差异大。我国有各类水产动物 100 多种，其中包括鱼类、甲壳类、贝类、两栖类和爬行类等。不同养殖对象对药物的耐受性有显著差异，药物在不同养殖动物体内的效应以及药动学特征也有显著差异；不同水产动物在水体中的活动区域也不同，这都严重影响用药对象接触药物的多少，特别是泼洒用药。

（2）养殖水体类型、养殖方式多种多样，影响给药效率。不同的养殖水域、养殖方式与养殖类型构成了水产养殖动植物与生态环境的复杂关系，进而影响到药物在水产养殖动植物体内的效应。水面越大、越深，药物使用就越难以做到均匀，会在极大程度上影响药物的治疗效果，在静止水体使用药物甚至可能在局部形成高浓度而引发养殖对象药物中毒。

（3）药效受环境的影响大。水产动物的健康状况以及药物的药效会受到温度、pH、有机物含量、光照和微生物组成等环境因素的影响，最终影响药物的疗效。例如，水体中有机物含量会影响含氯消毒剂、高锰酸钾的使用效果；硫酸铜的药效会受水质硬度的影响；恩诺沙星等在海水养殖中使用药效会有所降低。

（4）渔药的施用比较困难，方法特殊，难以做到均匀和按剂量要求给药。

（5）对有些病原体，特别是某些寄生虫（如小瓜虫和锚头鳋），需要针对其生活史来用药，否则无法有效地控制疾病。

（6）对于内服药物而言，药物治疗实际上是控制病情的发展，因为已发病的个体通常由于丧失了食欲而不能摄入药物，能摄入药物的都是健康个体。因此，对疾病的及时发现和及时治疗尤为重要，在疾病高发季节适当地进行药物预防也是必要的。

二、作用机制

药物的种类繁多，化学结构和理化性质各异，因此其作用机制也各不相同，但发挥作用都是干扰和参与机体内的各种生理或生化过程的结果。

药物作用机制包括药物作用的受体机制和通过改变机体理化环

境、生化作用等其他机制。

1. 药物作用的受体机制

（1）受体的概念和类型　受体是存在于细胞膜或细胞内，能识别、结合特异性配体（如药物、激素、神经递质等），并通过信息传递产生特定生物效应的大分子化合物，能与受体特异性结合的物质称为配体。受体具有如下特性：①敏感性，即只需较低浓度的配体就能与其结合产生显著的药物效应；②特异性，受体对配体具有高度特异性识别能力，能与其结构相适应的配体特异性结合；③饱和性，即受体的数量是一定的，与配体的结合也就存在可饱和现象；④可逆性，即受体与配体的结合是可逆的，除了能结合，配体-受体复合物还可以解离，且配体与受体的结合可被其他结构相似的配体置换；⑤多样性，同一受体可广泛分布到不同的细胞而产生不同效应。

（2）药物与受体的相互作用　药物与受体结合产生效应，必须具备两个条件：一是药物与受体结合的能力（称为亲和力），二是药物与受体结合后产生效应的能力（称为内在活性）。据此，可将与受体结合呈现作用的药物分为以下三类。①受体激动剂。指与受体既有亲和力又有内在活性的药物。如肾上腺素激动β受体，使心脏兴奋。②受体颉颃剂（阻断剂）。指与受体只有亲和力而无内在活性的药物。受体颉颃药与受体结合后，不能激动受体，且占据受体后，阻断了激动药与受体的结合，而呈现颉颃作用。如阿托品为胆碱受体阻断剂。③部分激动剂。指与受体有一定亲和力，但内在活性较弱的药物。当单独应用时，可产生较弱的激动受体作用；当与激动剂并用时，因其占据了受体，阻断激动剂与受体的结合，则呈现颉颃作用。

（3）GABA 受体和 P 糖蛋白　目前，对于渔药作用的受体研究大多集中在 GABA 受体、P 糖蛋白等方面。

GABA 受体广泛分布于异育银鲫的脑、肝、肾、心、肠和性腺等组织中，且有组织特异性，其在脑组织中表达量最高。在分类地位上，异育银鲫 GABA 的 A 受体（$GABA_AR$）γ2 亚基与斑马鱼亲缘关系最近。作为受体，GABA 的表达受到药物的影响。杀虫剂阿维菌素（AVM）能提高 $GABA_A R$ 的表达，且 AVM 对 $GABA_A R$ 的表达具有一定程度的浓度依赖性。氟喹诺酮类抗菌药双氟沙星能显著降低 GABA 的 A 受体表达量，且这种影响具有持久性。

肾脏组织中 P 糖蛋白（P-gp）的表达参与了恩诺沙星在其体内的代谢过程。壳聚糖能通过抑制草鱼肠道中 P 糖蛋白的表达而提高诺氟沙星在鱼体内的相对生物利用度，P-gp 的表达还与某些化合物（如异噻唑啉酮）对草鱼的毒性相关联。此外，温度升高可能会抑制 P-gp 的表达。

2. 药物作用的其他机制

（1）理化环境的改变，主要是改变细胞周围环境的理化性质。非特异性药物都是通过其理化性质发挥药理作用。

（2）影响酶的活性而发挥作用，如敌百虫可抑制胆碱酯酶的活性而产生拟胆碱作用。

（3）影响细胞的物质代谢过程而发挥作用，如某些维生素或微量元素可直接参与细胞的正常生理、生化过程，使其缺乏症得到纠正；磺胺类药物由于阻断细菌的叶酸代谢而抑制其生长繁殖。

（4）改变细胞膜的通透性而发挥作用，如表面活性剂苯扎溴铵可改变细菌细胞膜的通透性而发挥抗菌作用。

（5）影响神经递质或体内活性物质而发挥作用。

三、量效关系、时效关系与构效关系

1. 量效关系 药物效应与剂量在一定范围内成正比，随着血药浓度的增加，药效随之增强，这种剂量与效应的关系称为量效关系。药物剂量的大小关系到进入体内的血药浓度高低和药效的强弱。药物剂量过小，不产生任何效应，称为无效量。能引起药物效应的最小剂量，称为最小有效量。随着剂量增加，效应强度相应增大，达到最大效应，称为极量。若再增加剂量，会出现毒性反应，出现中毒的最低剂量称为最小中毒量。比中毒量大并能引起死亡的剂量，称为致死量。药物的最小有效量到最小中毒量之间的范围称为安全范围。药物的常用量或治疗量在安全范围内应比最小有效量大，并对机体产生明显效应，但并不引起毒性反应。

根据观察指标不同，可将量效关系分为量反应和质反应两种类型。

（1）量反应　药物效应强弱呈连续增减的变化，可用具体数量或最大反应的百分率表示者称为量反应。其研究对象为一个单一的生物单位，例如心率、血压、血糖浓度等。若将剂量转换成对数剂量并作为横坐标，将效应转换成最大效应百分率并作为纵坐标作图，则药物的量效曲线为对称的S形曲线。只有达到一定的剂量才能产生药理效应，随着剂量增加；药物的作用强度相应增加，当效应增强到达最大限度之后，即使剂量再增加，药效也不再增强。我们把药物所能产生的最大效应称为效能，它反映药物本身的内在活性。具有相同作用的不同药物，其效能不一定相同，而达到同等效应所需的剂量也不一定相同。通常将引起等效反应的相对浓度或剂量称为效价强度，简称效价。它反映药物与受体的亲和力。所需剂量越小，效价越强。药物的最大效应（或效能）与强度是两个不同的概念，不能混淆。在临床用药时，由于药物具有不良反应，其剂量是有限度的，可能达不到真正的最大效能，所以在临床上药物的效能比强度重要得多。

（2）质反应　如果药理效应不是随着药物剂量或浓度的增减呈连续性量的变化，而表现为反应性质的变化，则称为质反应。质反应以全或无、阳性或阴性的方式表现，结果以反应的阳性百分率或阴性百分率来表示，如死亡与存活等，其研究对象为一个群体。当以对数剂量为横坐标、反应数为纵坐标作图时，则量效曲线呈对称的S形，在图上找到阳性率为50%的点，由此可求得达到50%阳性率时所需的剂量。我们把引起50%实验动物产生效应的剂量称为半数有效量（ED_{50}），把引起50%实验动物死亡的剂量称为半数致死量（LD_{50}）。ED_{50}是反映药物治疗效应的重要参数，LD_{50}是反映药物毒性的重要参数。

2. 时效关系　给药后药物的效应随时间推移，要经历一个从无到有，从弱到强，又从有到无的动态变化过程。药物进入水产动物体内后在不同时间内，由于其血药浓度的不同，所呈现的效应也不同，这种时间与效应的关系称为时效关系。以给药后时间为横坐标，药物效应为纵坐标，则绘制出给药后产生的药效随时间变化（时效关系）的曲线，称为时效曲线。

3. 构效关系 药物的构效关系指特异性药物的化学结构与药物效应间的关系。结构类似的化合物一般能与同一受体结合，产生相似的作用（拟似药）或相反的作用（颉颃药）。

另外，许多化学结构完全相同的药物还存在光学异构体，具有不同的药理作用，多数左旋体有药理活性，而右旋体无作用或较弱，如左旋咪唑有抗线虫活性，而右旋体则无此作用。

第三节　影响渔药作用的因素

一、渔药的因素

1. 化学结构与理化性质 大多数渔药是通过它们参加机体组织的生化过程而发挥药理作用的，药理作用是渔药的理化性质在生物活体内的反映。渔药的理化性质不仅直接决定药理作用的强度与效果，也决定渔药在机体内的吸收、分布和排泄等过程。渔药的化学结构影响着渔药的理化性质，又在较大程度上决定着渔药作用的性质。如对氨基苯甲酸（对位氨基安息香酸）为某些细菌的生长所必需，磺胺类渔药因化学结构与其相似，能发生竞争性抑制作用。

影响渔药发挥作用的理化性质包括：渔药的溶解度（脂溶性、水溶性）、酸碱度、解离度、稳定性、挥发性、吸附力等。如在稳定性方面，漂白粉因在空气中遇二氧化碳缓慢分解，而二氧化氯却较稳定，故二氧化氯的药效一般要强于漂白粉；次氯酸钠在碱性条件下较稳定，但遇酸却会分解，故在酸性条件下它会被分解而导致药效降低；三氯异氰脲酸在酸性条件下要比在碱性条件下稳定，所以它的药效在酸性条件下就较强。

2. 剂型　渔药的剂型可以影响渔药在水生动物机体内的吸收速率，导致体内血药浓度和生物利用度的差异，从而影响疗效。研究表明，不同剂型的渔药尽管所含的药量相等，即药剂当量（pharmaceutical equivalence）相同，但药效强度却不尽相等。因此，常需要用生物当量（bioequivalence），即渔药的不同制剂能达到相同血药浓度的剂量比值，作为比较标准来衡量药效强度。因此，应根据水生动物的种类和规格、发病类型及程度、渔药的性质等选用相应的剂型。只有采用合理的剂型，并通过正确的给药方法，才能保证用药效果。

由于水生动物的种类繁多，其生态习性、生理特点、摄食方式各异，因此选择正确的剂型对有效地发挥渔药的疗效尤为重要。目前渔药的剂型较为单一，常用的仅有内服散剂和泼洒剂，在一定程度上限制了渔药的发展。对于内服散剂和泼洒剂来说，还存在着适口性、嗜食性和易溶性、分散性等问题，因此，加强渔药剂型的研究是提高药效的关键之一。此外，渔药有效成分的含量、渔药的纯度和均匀度、填充剂和赋形剂的类别以及生产工艺过程等都会影响渔药的剂型，从而影响药效发挥。

3. 剂量　剂量是指渔药的用量，在安全范围内，渔药的作用会随剂量的大小而有相应的差异，有的渔药还会因剂量的变化而发生质的变化。如大黄在小剂量时有健胃作用，中等剂量时表现出止泻作用，而在大剂量时却起着泻下作用；又如大多数金属收敛药（如硫酸锌等）用于局部时，低浓度表现收敛作用，中等浓度出现刺激作用，高浓度时则表现出腐蚀作用。不同个体对同一剂量渔药的反应也是存在差异的，因此，对于不同的水生动物甚至同一种水生动物的不同年龄、不同养殖阶段，以至不同生理状态，其渔药的给予剂量应有所不同。

此外，不同病原菌或同一病原菌的不同株的耐药性常有差异，且常有地区特点。生产上为增强药效、避免耐药菌株的产生，常采用联合用药、使用窄谱抗菌药等方法。因此，既要考虑病原菌株不同的耐药状况，又要考虑使用的渔药种类及配伍的不同，从而选用适合的给药剂量，可根据药敏试验确定敏感药物。为避免造成渔药残留与病原菌产生耐药性，不提倡通过加大渔药剂量、延长疗程的方法来防治病害。

任何渔药只有在其剂量范围内使用，才能做到安全有效。当使用的剂量不足时，渔药有可能不产生明显效应，从而达不到防病治病的目的。相反，当渔药超过一定的剂量范围时，就可能使其作用由量变引起质变，导致水生动物中毒，甚至死亡。这一现象在消毒剂、杀虫剂中尤为明显。

渔药一般采取"群体化"给药的方法，对于剂量的确定，在口服给药时，常以主动摄食的水生动物的总体重计算给药剂量，药浴或全池泼洒给药则按水体体积计算给药剂量。

4. 渔药的相互作用　渔药相互之间的作用，会使渔药治疗效果及不良反应产生质和量的变化，可表现于药动学方面，也可表现于药效学方面。

在药动学方面，一种渔药能够使另一种渔药在体内的吸收、分布、代谢、排泄等任何一个环节发生变化，如通过影响胃肠道对渔药的吸收，竞争血浆蛋白结合点，诱导或抑制肝脏药物代谢酶的活性，影响肾脏对渔药的排泄等，从而影响另一种渔药的血药浓度，改变其作用强度。

在药效学方面，渔药之间可表现出无关作用、协同作用、累加作用和颉颃作用等。无关作用是指两种（或两种以上）渔药作用于同一种细菌时，其抗菌作用不变；协同作用是指两种（或两种以上）渔药合用时所需浓度较它们分别单独使用时低，且疗效增加；如果渔药作用的效果仅等于各药之和，则为累加作用；渔药合用的效果小于其单独使用时作用的总和，则为颉颃作用。有些渔药合用不仅表现出协同作用，还能相互纠正缺点，提高疗效，如三磺合剂就是将三种磺胺类渔药合并使用，制成混悬剂，在增强抗菌效果的同时，还降低其对肾脏的毒性。但是有些有毒副作用的渔药合用时，其毒副作用不仅不减弱，反而会增强，如链霉素、庆大霉素或新霉素同时或先后使用均可致肾脏毒性反应增加。存在颉颃作用的渔药组合称为配伍禁忌（incompatibility），表 2-4 是常用渔药的配伍禁忌。如果病情确实需要两种存在配伍禁忌的渔药使用时，应错开使用，使前一种渔药药性基本消失后再使用后一种渔药，如非要用三氯异氰脲酸和生石灰防病治病时，二者间隔时间要在 7d 以上。

表 2-4　常用渔药的配伍禁忌

渔药	配　伍　禁　忌	反　　应
硫酸铜	氨溶液	生成蓝色沉淀
	碱性液体	生成深蓝色沉淀
敌百虫	碱性渔药（如生石灰）	产生敌敌畏，毒性增强
福尔马林	漂白粉、高锰酸钾、甲基蓝等氧化性渔药	失效
生石灰	各种氯制剂（如漂白粉等）、钙、镁类、重金属盐（如硫酸铜、硫酸亚铁等）、有机络合物等	失效
氯制剂	酸类、福尔马林、生石灰	失效
高锰酸钾	有机物（如甘油、酒精、鞣酸等）	还原脱色而失效
	氨及其制剂	呈絮状沉淀而失效
新洁尔灭（季铵盐类表面活性剂）	碘、碘化钾、过氧化物、氧化剂	失效
	肥皂、洗衣粉等阴离子表面活性剂	失效
碘及其制剂	氨水、铵盐类	生成爆炸性碘化铵
	碱类	生成碘酸盐
	重金属盐类	生成黄色沉淀
	硫代硫酸钠、鞣酸	氧化脱色
	生物碱	产生沉淀
	挥发油、脂肪油	分解失效
维生素 B_1	中性或酸性溶液	易分解
	氧化剂、还原剂	使其破坏而失效
	重金属盐	产生沉淀而失效

（续）

渔药	配　伍　禁　忌	反　　应
维生素 C	碱、氧化剂、铜、铁、热、光等	分解失效
	碳酸氢钠、苯甲酸盐、利尿素	失效
	维生素 B_{12}、弱酸性盐、核黄素	分解失效
磺胺类药	酸性液体（如维生素 C 注射液）	析出沉淀，降低药效
	生物碱液体	析出沉淀，降低药效
	碳酸氢钠、氯化铵、氯化钙等	析出沉淀，降低药效
	碳酸镁类等	增加对肾脏的毒性

在生产实践上，水生动物疾病的发生常存在混合感染、并发性感染和继发性感染等现象，因此，常采取联合用药。

为了增强主药的药效，常在主药中添加合适的辅药，如复方甲霜灵粉，通过硫酸亚铁清除创面而提高甲霜灵杀灭水霉的效果。

抗菌类渔药联用应谨慎。有的抗菌渔药合用时，其杀菌作用表现相加或协同；有的合用时，则可能产生颉颃作用。如土霉素与磺胺类药物合用时，表现为颉颃作用。

总之，联合用药时应注意配伍禁忌、各种渔药的理化性质及药理作用，水生动物的生理状况和环境条件等。当两种或两种以上渔药混合使用时，有时还须注意渔药混合的次序。

5. 渔药的贮藏与保管　渔药的储藏与保管也会直接影响药效，有的渔药因保管不当使药效丧失，如漂白粉在二氧化碳、光热的作用下会迅速失效；硫酸亚铁若保管不善，与空气接触即会生成碱式硫酸亚铁，失去药效。

二、给药途径与方法

给药途径会影响水生动物对渔药吸收的速度、吸收量以及血药浓度，从而影响渔药作用的快慢与强弱，甚至会影响作用的性质。一般说来，制剂和剂型决定了给药方法。水生动物的给药，除了人工催产和少数个体较大或较珍稀的对象在疾病防治时采取个体注射

（或口服）给药外，大多采取混饲口服和泼洒的群体给药方式。不同的给药方式、给药时间、给药次数以及给药容器的选择均会对渔药的作用有一定的影响。

1. 给药途径

（1）口服法 给药时水生动物胃肠内食糜的充盈度、酸碱度等会影响渔药的作用效果。一般来说，易被消化液破坏的渔药不宜口服。对滤食性动物（包括水生动物的幼体阶段），投喂药饵难以达到其药效；有些有异味的渔药，会影响水生动物的摄食，而达不到防治效果。

（2）药浴法 渔药的水溶性、渗透性以及毒性常会直接影响其使用范围及其作用效果。

①浸浴法。使用该法时常会因浸浴的水生动物数量的增加而使渔药的浓度降低，影响药效，因而，对浸浴浓度难以控制，不是渔药达不到相应的药效，就是容易出现毒性反应。

②遍洒法。渔药分散的均匀度常会影响其作用。水位较深的养殖水体在高温时易形成温跃层，若按常规剂量给药，由于水体上下密度不同，使得上层渔药浓度较高，下层渔药浓度较低，易造成水生动物中毒。

此外，遍洒法还存在着如下缺点：其一，对生物选择性差，在杀灭病原体的同时也杀灭水体中的有益生物（如泼洒敌百虫、硫酸铜杀灭寄生虫时，也会杀灭浮游生物）；其二，对养殖水环境造成污染（如泼洒重金属类渔药）；其三，溶解性较差的渔药会导致养殖对象误食而引起中毒。

③挂袋（篓）法。使用该法时，渔药是否具有缓释性、是否在安全浓度范围内，以及水生动物的回避性会影响给药效果。如用硫酸铜、硫酸亚铁合剂挂袋（篓）时，因对鱼类有较强的刺激作用，鱼类会极力躲避而达不到用药的目的。

④浸沤法。由于该法只适用于中草药的使用，因此，药物性能以及对药物处理的方式会在一定程度上影响其效果。

（3）注射法 注射给药须具备一定的技术，否则会因操作不当导致水生动物产生较剧烈的应激反应而出现死亡。注射给药有肌内、皮下和腹腔等几种方式。一般来说肌内给予要比皮下给予方式吸收快，但皮下给予药效持久；腹腔给予吸收速度快，效果较好，但对于一些有刺激性的渔药会产生不良效果，不宜采取这种给予方式。

（4）涂抹法　防止药液流入鳃、口或其他对渔药敏感部位是防止渔药产生药害的关键。渔药的渗透性、药液（膏）涂抹鱼体后离水放置的时间以及涂抹的操作对药效作用有较大的影响。

2. 给药时间　同一药物、相同剂量，在不同的时间给药，会产生不同的效果。根据水生动物的生理特性、摄食习惯、生态习性、给药途径及环境条件而选择适宜的给药时间，是提高药效、保证用药安全的一个重要措施。一般常选择在晴天 11：00 前（一般为 9：00—11：00）或 15：00 后（一般为 15：00—17：00）给药，因为这时药效发生快、药效强、毒副作用小。时间药理学就是以时间生物学为基础，研究药物作用的时间节律性的科学，揭示给药时间、昼夜规律和季节变化，药物作用程度的差异。时间药理学能为确定水生动物的最适给药时间提供依据。给药的最适时间应考虑以下问题。

（1）渔药类别和性质　大多数渔药在遍洒给药过程中都要消耗水体中的氧气，因而，不宜在傍晚或夜间用药，当然，某些有氧释放的渔药，如过氧化钙、过氧化氢等除外；再如，杀虫剂外用时不宜在清晨或阴雨天用药，因为此时用药不仅药效低，还会造成水生动物缺氧浮头，甚至泛池。

（2）温度、光线强弱　渔药的毒性一般会随着温度的升高而增强，因此，给药时要注意避免高温；有些渔药对光线较敏感，因此，不宜在中午光照较强时使用。

（3）水生动物生态习性　大潮期间或大换水后，大多数甲壳类动物（虾蟹类），往往会因此诱发大批脱壳，脱壳过程中和刚脱壳后它们的体质较弱，应慎用药，尤其是毒性大的渔药，如硫酸铜、福尔马林等则不应使用。

（4）给药途径　口服给药一般在停饲 4h 后再给药，以确保渔药大部分被水生动物采食；泼洒给药一般要在给饲之后，以免影响其摄食。

3. 给药次数与反复用药　给药次数应根据水生动物病情的需要、渔药在体内的消除速率以及维持有效的血药浓度来定。对半衰期短、消除快的渔药，给药次数要相应增加；而半衰期较长、消除慢、毒性大的渔药，给药次数则应减少。为了维持有效的血药浓度，还须反复给药。

反复给药后，病原体会出现耐药现象。凡需要加大渔药剂量才能达到原来在较小剂量时即可获得的药理作用的现象称为耐受（tolerance），在这种情况下机体对渔药的反应性降低或减弱，渔药的药效降低，甚至无效。另一种情况是某些病原体在反复接触某些抗病原体的渔药后，它们的反应性不断减弱，以至病原体最终能抵抗该渔药而不被杀灭或抑制，这就是病原体对渔药的耐受（药）性。

耐药性发生的原因除了遗传学中个体差异的先天性因素以外，多次、反复地不科学用药是导致耐药性产生的一个重要原因。因此，反复用药时要注意给药剂量及次数，避免长期低剂量地反复给药，为防止耐受性和耐药性的产生，还应注意渔药的轮换使用。

4. 盛药容器　渔药大多是化学合成物，尤其是起消毒作用的一些氯制剂，其氧化性强，易与金属发生化学反应，导致成分和性质发生变化，轻则降低药效，重则产生毒副作用。因此，储存、溶解渔药时对盛药容器的选择十分重要，一般宜选用陶瓷、木质或塑料等非金属材料制成的容器，尽量不使用金属器皿。

5. 疗程　为了维持药物在体内的有效浓度以达到治疗目的，需要在一定的时间内重复给药，一般以天数来表示，这就称为疗程。它是指一个用药周期，并不是永久不变的。疗程的长短和给药的间隔时间是根据药物的作用及其在体内的代谢过程决定的，还要考虑到病原体、水生动物病情轻重与病程缓急等因素。

对于病情重、持续时间长的疾病一定要有足够的疗程，才能达到治疗目的，否则，治疗不彻底，易复发，同时也会使病原体产生抗药性。一般来说，耐生素类渔药的疗程为5～7d；杀虫类渔药疗程为1～2d；投喂药饵防病时疗程为10～20d。对于同一种药物，不同的病原体疗程也不相同，如敌百虫治疗锚头鳋病时的疗程为5d，一般用3个疗程，每个疗程相隔2～3d；而治疗中华鱼鳋病时每个疗程只需3d左右，一般只需一个疗程。

三、环境

水环境因素对渔药作用的影响，除了水体自身的温度、盐度、酸碱度、氨氮和有机质（包括溶解和非溶解态）等理化因子外，还有有益细菌、浮游生物、病原生物、养殖生物等生物因子的影响。除此之外，水体自身理化因子之间、理化因子与生物因子之间、生物因子之间以及渔药与水体的各因子之间构成的复杂关系，更使渔药的作用复杂化，它们既影响着药效的发挥，也影响着药物作用的强度，甚至还会影响药物作用的性质。

1. 水温 大部分渔药的药效与水温一般呈正相关，水温升高时，药效增强，产生作用的速度也就相应加快，如表面活性剂新洁尔灭，在37℃时只需20℃时的一半浓度便可达到相同的杀菌效果。但水温变化对各种渔药的影响程度也不尽相同，如某些消毒剂，当水温按等差级数递增时，杀菌速度则会按几何级数递增；而有些渔药（如硫酸铜、漂白粉等），水温升高对其药效的加强并不明显，反而会使其毒性增强；还有些渔药，如溴氰菊酯，其药效与水温呈负相关，当水温升至20℃以上时，其药效明显比20℃以下低。水温除了影响药物的药效外，还会影响渔药的毒性和稳定性。如高锰酸钾在水温25℃时对鱼类的毒性作用明显要比20℃时高；将硫酸铜在60℃的水温中溶解，则可使其失效；水温过低时有的渔药难以发挥药效。通常情况下，渔药的用量是指水温20℃时的基础用量，水温升高时应酌情减少用量，降低时应适当增加用量。

水温对氟甲砜霉素在斑点叉尾鮰血浆中的药代动力学有影响，随着水温升高，氟甲砜霉素在斑点叉尾鮰血浆中吸收、分布和消除明显加快，且在斑点叉尾鲖血浆样品中未检测到氟甲砜霉素的主要代谢物氟甲砜霉素胺。水温对恩诺沙星相对生物利用度有显著影响，低温时双氟沙星能较好地分布于异育银鲫体内，从而具有更高的药效。

2. 酸碱度　养殖水体的酸碱度是波动的，水质较肥、气温较高（如夏季中午）时 pH 会有一定幅度上升。由于水体酸碱度产生变化，渔药就会产生不同的作用效果。酸性渔药、阴离子表面活性剂、四环素等渔药，在偏碱性的水体中其作用减弱；而碱性渔药（如卡那霉素）、阳离子表面活性剂（如新洁尔灭）、磺胺类渔药等则会随水体酸碱度的升高而作用增强。有的渔药由于水体酸碱度的变化，会产生相应的化学变化而使药效与毒性发生较大的变化，如漂白粉的消毒杀菌作用是由于其水解生成次氯酸，但在碱性环境中次氯酸易解离成次氯酸根离子（OCl⁻），使消毒作用减弱；敌百虫在碱性环境下可转化为剧毒的敌敌畏，且转化速度随 pH 和水温的升高而加快。

水体酸碱度对药物作用的影响的机理是：①改变渔药的理化性质，如溶解度、解离度、通透性及分子结构等，对消毒剂、杀虫剂尤为明显。含氯消毒剂一般在酸性条件下电离少，只有次氯酸、山梨酸等非电离的分子较易通过细胞膜，杀菌作用则相应较强；当水体碱性增强时，其解离作用加强而导致杀菌作用减弱。漂白粉在 pH 6.5 以下，$0.2 \sim 0.4$mg/L 的浓度即有较强的杀菌力，而在 pH 8 时，浓度要达到 $0.8 \sim 1.6$mg/L 才可获得同样的效果。②影响病原体的生长、繁殖。通常病原微生物生长的最适 pH 为$6 \sim 8$，pH 过高或过低都会使其生长、繁殖受到一定程度的抑制。

3. 有机物　养殖水体是富含有机物的水体，水体有机物的种类及其含量与水体的性质、养殖动物的种类与密度、投饵、施肥等因素密切相关。由于有机物的存在，在一定程度上会干扰外用渔药的效果。有机物影响渔药作用的机理是：①有机物在病原体的表面形成一层保护层，妨碍了渔药与病原体的直接接触，从而延误了渔药对病原体的杀灭作用。②有机物与渔药（如消毒剂、杀虫剂等）

发生结合，降低了渔药的溶解度，从而阻碍了渔药与病原体的结合，影响了渔药的作用。③有机物与渔药发生作用，形成了一种新的化合物，这种化合物不仅减弱了渔药对病原体的杀灭力，而且由于它们的不溶性，又能吸附周围其他一些物质，共同产生保护病原体的机械屏障。

渔药受有机物影响的程度不尽相同，有的影响较大，如使用高锰酸钾消毒时，它要先将有机物氧化，才可对病原体产生相应的作用；又如有机物对次氯酸盐的影响要大于氯代异氰脲酸；季铵盐类（如新洁尔灭等）、过氧化物类（过氧化氢等）等渔药的药效作用也会明显地受有机物的影响；但也有的渔药受影响较小，如聚维酮碘等。

4. 光照和季节 在白昼与黑夜，水生动物对渔药的敏感性有所不同，它们夜间比白天的反应弱，且傍晚或夜间由于气温、水温降低，减少了水生动物的不安和体能消耗，对渔药的耐受能力增强。夏季与冬季相比，由于夏季水温较高，水生动物活动力强，它们对渔药也较冬季更敏感。

此外，有些渔药见光易分解，因此，尽量避免在光照较强时给药。有的渔药由于受温度的影响较大，温度高时其作用降低，所以受季节的影响也就较大，如溴氰菊酯的杀虫效果在春季使用要比夏季使用明显好。

5. 病原微生物 病原微生物的种类、数量影响着渔药的作用。病原微生物数量越多，渔药的杀菌作用越弱。

病原微生物的不同生长时期、状态和抵抗力也会影响渔药的作用。有些抗寄生虫渔药对成虫效果好，而对幼虫效果较差。

随着抗菌药使用范围的扩大与使用剂量的增加，病原微生物会产生耐药性。目前病原微生物的耐药性问题日趋严重，很多病原微生物已由单药耐药发展为多重耐药，导致用药量越来越大，药效却越来越低。如土霉素、金霉素等曾对海水养殖弧菌病的防治有较好的效果，但近年来由于耐药菌株的出现，这些药已经对弧菌病无能为力；引起多种淡水鱼类细菌性败血症的嗜水气单胞菌现已对多种抗生素有耐药性，如氟喹诺酮类药。

6. 其他　水体的盐度、溶氧量、透明度、硬度、重金属盐含量、氨氮含量以及池塘底质等因素，也会不同程度地影响药效。一般认为，药效会随盐度的升高而减弱（茶籽饼例外），如海水对一些抗菌药（如四环素、土霉素、磺胺等）的抗菌活性均有抑制作用。盐度会影响杀虫剂吡喹酮的代谢过程。溶氧量较高时，水生动物对渔药的耐受性增强；溶氧量较低时，则易发生中毒现象。一般情况下渔药（如硫酸铜等）在硬水中的毒性要比在软水中小；池塘底泥较多时，对一些渔药（如敌百虫）的吸附也较多，从而降低渔药的作用。

有些渔药的作用还与空气的湿度有关，如甲醛熏蒸，一般在20℃、相对湿度60%～80%下进行效果较好；如果温度低、湿度太小，则药物分子易聚合，杀菌力大大减弱。

四、水生动物本身

不同的水生动物对渔药的敏感性不同，如鲤、鲫对硫酸铜较为敏感，鳜、淡水白鲳对敌百虫的耐受能力差；磺胺类渔药在治疗中华鳖的溃烂病（嗜水气单胞菌引起）时有一定的疗效，而对同样由嗜水气单胞菌引起淡水鱼类出血性败血症的作用却不显著。造成这些差异的一个重要原因就是渔药在水生动物体内的代谢途径和速度不尽相同，其中包括药物代谢酶的种类、含量与代谢途径等，它们影响了渔药在水生动物体内的作用方式、消除速度，进而影响了渔药的作用效果。

1. 种属差异　虽然每一种渔药都具有本身固有的药理作用，但是由于水生动物的解剖构造、生理机能、生态习性的不同，各种水生动物对同一渔药的敏感性与耐受性存在较大的差异，如生石灰对中华鳖的使用浓度为60～70mg/L，鱼类为25～30mg/L，而中华绒螯蟹却只有15mg/L。表2-5是部分水生动物对渔药的敏感性。此外，同一种药物在不同水生动物体内的吸收、转运、代谢和消除的规律不同，所产生的药效亦有一定的差异。

表 2-5 部分水生动物对渔药的敏感性

水生动物名称	渔　　药	敏感程度
虾、蟹	菊酯类	敏感
	氨基甲酸甲酯类	敏感
	有机磷类（如敌百虫）	敏感
鲢、鳙、鲤	有机磷类（如敌百虫）	具有一定的耐受性
鳖	有机磷类（如敌百虫）	具有一定的耐受性
鳜	有机磷类（如敌百虫）	极为敏感，常规用量甚至微量也会导致鱼类死亡
鲈、鲇科鱼类	有机磷类（如敌百虫）	敏感
淡水白鲳等	有机磷类（如敌百虫）等农药	极为敏感，应禁止使用
	硫酸铜	抗药性较强，浓度高达 5mg/L 时仍未见异常变化
青鱼、草鱼、鲢、鳙、鲤、鲫、鳊等	硫酸铜	较敏感，一般浓度超过 0.7 mg/L 时鱼类行为异常，超过 1 mg/L 死亡
锦鲤	硫酸铜	特别敏感

2. 生理差异

（1）年龄　不同年龄的水生动物对渔药的反应差别很大。①在对渔药的敏感性上，一般幼龄、老龄的水生动物对渔药比较敏感。如草鱼、鲢等鱼苗对漂白粉的敏感性比成鱼大，这可能是由于幼龄水生动物体内酶活性较低，或肝肾功能发育不健全，对渔药的转化能力较弱，易引起毒性反应。老龄水生动物由于某些器官的功能退化，对渔药的转化能力也大大降低。②在对渔药的转化、吸收和代谢上，不同年龄的鱼表现也不一样。如以相同剂量的氯霉素对 1 龄和 2 龄罗非鱼口服给药，1 龄罗非鱼比 2 龄罗非鱼吸收速度明显快，而消除速度则明显缓慢。又如成年斑点叉尾鮰在多次给药条件下的药动学参数与单次给药条件下的药动学参数一致；而幼鱼则不一致，表现为总消除时间减少。

（2）性别　性别差异对渔药体内分布、吸收过程产生一定的影响。一般雌性水生动物对渔药比较敏感。如无论是肌内注射给药还是口灌给药，盐酸环丙沙星在中华绒螯蟹雌蟹体内的消除半衰期（$T_{1/2\beta}$）和分布相半衰期（$T_{1/2\alpha}$）均长于雄蟹，且药物在雄蟹体内的消除速度要比雌蟹慢很多，但这也可能因渔药而异，需要进一步深入研究。

（3）肥满度　肥满度较高的水生动物对渔药的耐受性较强，这是因为一些脂溶性的渔药较易贮集在脂肪组织中。

3. 个体差异　同种水生动物不同的个体对药物的作用的反应也有不同，有的对药物特别敏感，而有的则耐受性较强；有的对药物的处置较快，而有的却较迟钝，这种现象称为个体差异。个体差异包含量的差异和质的差异。产生个体差异原因比较复杂，但其中很多都与遗传因素有关。由于水生动物大部分是群体给药，个体差异常被忽略。

4. 机能状态　水生动物的机能状态对药物作用的影响非常明显。一般瘦弱、营养不良的水生动物对药物比较敏感。水生动物摄食的饵料中缺乏蛋白质、维生素或钙、镁等营养元素，可使肝微粒体酶活性降低，导致药物中毒。

此外，水生动物生存在比较拥挤的空间时，转塘、捕捞、运输、换水、饵料转换、饲养密度的改变等养殖操作，都会导致水生动物不同程度的应激反应，增加水生动物对渔药的敏感性，不仅会影响渔药作用的效果，还会增强渔药的毒性作用。

各种病理因素都能改变药物在机体内的转运和转化，影响血药浓度，从而影响药效。嗜水气单胞菌感染会使药物在动物体内的吸收、分布、代谢和消除受到不同程度的影响，并且不同的给药方式下的药物学特征存在明显差异。

第三章　渔药风险与公共卫生安全

实施乡村振兴战略是党中央对于农业农村工作的伟大决策。《中共中央　国务院关于实施乡村振兴战略的意见》中明确要求"实施食品安全战略，完善农产品质量和食品安全标准体系，加强农业投入品和农产品质量安全追溯体系建设"。

我国是水产养殖大国，也是渔药生产和使用大国。尽管渔药在水产动物疾病的控制上有着举足轻重的作用，但渔药的不合理使用和违规使用给公共卫生安全带来了极大的风险。相对落后的渔药风险认识和控制技术手段远远不能满足水产养殖业的高速发展和人民群众对安全水产品的需求。正确认识和控制渔药风险不但关系到水产养殖业的绿色发展和转型升级进程，更是推进生态文明建设最有力的举措。

公共卫生是关系到一个国家或一个地区人民群众健康的公共事业。由于渔药直接作用于水环境及水产养殖对象，其造成的风险与公共卫生息息相关。总体来讲，渔药风险主要包括毒性风险、残留风险、耐药性风险和生态风险等几个方面。

近二十年来由于渔药风险造成的公共卫生安全事件屡屡成为公众关注的焦点，对水产养殖业形象、政府公信力、对外出口贸易等方面造成了巨大的损害。例如，2002 年，欧盟以我国出口的虾产品氯霉素超标为由，正式通过 2002/69/EC 决议，宣布对中国出口的动物源性食品（包括水产品）实行全面禁运；2005 年 10 月 18 日，销往台湾的阳澄湖大闸蟹因硝基呋喃代谢物残留事件，导致品牌遭遇巨大的信任危机；2006 年 11 月 16 日，上海市食品药品监督管理局公布来自山东的多宝鱼含硝基呋喃类、环丙沙星等多种禁用药物残留，导致山东多宝鱼养殖行业元气大伤；2007 年 4 月 25 日，美国亚拉巴马州从中国斑点叉尾鮰中检验出氟喹诺酮药物残留，全面停止销售中国斑点叉尾鮰鱼片；2019 年 4 月 22 日，广州某企业销售的"花甲王"和"黄金贝"被检出氯霉素残留，再次暴露出当前水产品药残安全风险隐患。因此，应该加强渔药风险控制，完善政策法规，加强法律惩处力度，严格落实准用渔药及限用渔药休药期制度，加大水产品药残等不合格产品的曝光力度，强化公众卫生公共伦理意识，营造人人关注水产品公共卫生安全的社会氛围。

第一节　毒性风险

毒性风险指渔药对于靶动物（鱼虾蟹贝等）可能产生的任何有毒（有害）作用的风险。有毒和无毒是相对的，只要达到一定的剂量水平，所有的化学物均具有毒性，而如果低于某一剂量时，又都不具有毒性。

渔药在靶动物机体发挥药理作用及产生毒理作用的组织或器官可以完全不同，渔药吸收进入机体分布于全身，可对其中的某些部位造成损害，只有被渔药造成损害的部位才是渔药毒害作用的靶部位（或称为靶点），被损伤的组织或器官相应地称为靶组织或靶器官；同一渔药可能有一个或若干个毒性靶部位，而若干个渔药可能具有相同的靶部位。

渔药对靶动物组织或器官的毒性作用可能是直接的，也可能是间接的。直接毒性作用必须是渔药到达损伤部位；而间接的毒性作用则可能是渔药毒性作用改变了机体某些调节功能而影响其他部位。因此，药物产生毒性作用的靶部位并不一定是其分布浓度最高的部位。

渔药使用过程中毒性风险包括一般毒性风险和特殊毒性风险。其中，急性毒性、蓄积毒性、亚慢性毒性和慢性毒性为一般毒性风险；致突变、致畸、致癌等为特殊毒性风险。

渔药的毒性风险评价主要包括四个阶段：急性毒性试验阶段、蓄积毒性和致突变试验阶段、亚慢性毒性试验阶段（包括繁殖试验和致畸试验）和代谢毒性试验阶段、慢性毒性试验阶段（包括致癌试验）。

一、一般毒性风险

渔药的一般毒性主要有急性毒性、蓄积毒性以及亚慢性和慢性毒性。

1. 急性毒性　急性毒性是指受试渔药在一次或在 24h 内多次给予实验用水产动物之后，在短时间内对水产动物所引起的毒性反应，它表现了受试渔药毒性作用的方式、特点以及毒性作用的剂量。用以测定渔药对水产动物所产生的毒性作用，评价渔药急性毒性的实验方法，称为急性毒性试验。

急性毒性试验的目的是：①根据起始致死浓度（ILL）、半数致死浓度（LC_{50}）、半效应浓度（EC_{50}）或半数耐受限量（TLm）等数据，结合受试渔药引起生物体中毒的症状和特点，评价被测试渔药毒性的强弱以及它对水环境的污染程度，为制定该渔药的最高用药量或环境中最大允许浓度（MATC）提供基本数据。②阐明受试渔药急性毒性的浓度-反应关系与水生生物中毒特征。③为进一步进行亚慢性和慢性毒性试验以及其他特殊毒性试验提供依据。

用于急性毒性试验的水生生物，常以小型个体为主，其中主要是各种鱼类。通常要选用敏感性高、来源广、易于饲养的品种，如鲢、草鱼等。一般选用的动物个体差异不应过大（同一批实验中，最大个体规格应不超过最小个体规格的 1.5 倍），以体重小于 5.0g、体长小于 7.0cm 的个体较好。进行毒性试验之前，首先将受试动物在实验室内饲养 7～10d，剔除有病或畸形个体后随机分组进行试验。试验时要控制水温保持恒定（以温水性鱼类 25℃、冷水性鱼类 12℃为宜），溶氧量要稳定在 5.0mg/L 以上，pH 控制在 6.5～8.5。静水试验每日至少换一次试验溶液，流水试验每 24h 要换 95％的新试液。试验期间，对照组受试动物的死亡率应低于 5％。

在急性毒性试验期间，对受试动物（鱼类）一般不投喂饵料，从致毒开始，观察记录受试鱼类的中毒表现，包括生理、生化变化和死亡情况。

在测定渔药急性毒性的实际工作中，一般需要做预备试验，确定受试药物引起受试水产动物全部死亡和不引起死亡的浓度范围。在这个剂量范围内按等比级数的剂量差距（组距常为 1.2～1.4 等比级）设计 5～7 个剂量组对受试水产动物给药，观察各组的死亡率。一般说来，各组水产动物的死亡率会随着浓度增加而增加，但是两者不呈直线关系，而呈长尾的 S 形曲线。如将浓度值变换成对数值，则死亡率的曲线成为一条对称的 S 形曲线。这条 S 形曲线的两端伸延平坦，即上升速度较缓慢。也就是说，在渔药毒性试验中，死亡率从开始上升阶段和邻近 100% 死亡的终了阶段，浓度的增加所引起的死亡率上升是比较缓慢的，即在两端处的浓度稍有变动时，在死亡率上不易表现出来。而在中间阶段，即在 50% 死亡率处，浓度稍有增减变动，便立即会在死亡率上产生明显的差别。由此可见，位于曲线两端的最小致死浓度和绝对致死浓度等指标都不够敏感，且稳定性较差，误差较大，因此作为水产药物毒性测定的主要指标是不合适的。而位于曲线中段的半数致死浓度（LC_{50}）最为敏感，同时也比较稳定，误差较小，所以半数致死浓度常用作表示和衡量某渔药（或毒物）毒性大小的指标。

2. 蓄积毒性　蓄积毒性是指渔药多次反复接触低于中毒阈剂量的化学物，经一定时间后，化学物增加并贮留于机体某些部位，机体所出现的明显中毒现象。这是由于化学物进入机体的速度大于机体消除的速度，化学物在机体内不断积累，达到了引起毒性的阈剂量。

外源化学物在水生生物体内的蓄积作用是其慢性毒性发生的基础。当机体反复接触外源化学物后，用分析方法在体内检测到该物质的原型或其代谢产物的量逐渐增加时，称为物质蓄积；机体反复接触某些外源化学物后，体内检测不出该化学物的原型或其代谢产物的量在增加，却出现了慢性毒性作用，称为功能蓄积，也称损伤蓄积或机制蓄积。实际上两种蓄积的划分是相对的，它们可能同时存在，难以严格区分。

蓄积作用的检测有两类方法：一类是理化方法，另一类是生物学方法。理化方法是应用化学分析或放射性核素技术等，测定化学物进入机体以后在体内含量变化的经时过程。这种方法可用于对渔药半衰期的确定，故可作为物质蓄积的检测方法。生物学方法是将多次染毒与一次染毒所产生的生物学效应进行比较，故所测出的蓄积性不能区分功能蓄积和物质蓄积。

蓄积毒性是评价某些外源化学物亚慢性和慢性中毒的主要指标，也是选择安全系数的重要依据之一。在蓄积毒性试验中，由于生物机体多次反复接触外源化学物，有时会出现机体感受性降低的现象，必须加大剂量，才能出现原有的反应。这意味着发生慢性中毒作用较难，说明受试生物对毒物产生了耐受性。

某些渔药（如孔雀石绿）可在鱼体内迅速积累，并传递给子代，且孔雀石绿在斑点叉尾鮰体内会迅速转化为隐性孔雀石绿，并呈现蓄积的趋势。

3. 亚慢性毒性　亚慢性毒性试验是指受试渔药在较长的时间内（一般在相当于 1/10 左右的生命周期时间内），少量多次地反复接触受试渔药所引起的损害作用或产生的中毒反应。进行亚慢性毒性试验的目的是为了进一步了解受试渔药在受试水产动物体内有无蓄积作用；受试水产动物能否对受试渔药产生耐受性；测定受试渔药毒性作用的靶器官和靶组织，初步估计出最大无作用剂量及中毒阈剂量，并确定是否需要进行慢性毒性试验，为慢性毒性试验剂量的选择提供依据。亚慢性毒性试验是评价渔药毒性作用的一个重要方法。

亚慢性毒性评价方法是将试验数据汇总成表，进行相应的统计处理和分析，并根据中毒时出现的症状，以及停药后组织和功能损害的发展和恢复情况做出综合性评价。常用的试验方法有：①细胞培养法，如敌百虫对细胞有丝分裂的抑制作用，测定培养细胞中核糖核酸（RNA）的合成，可反映敌百虫对细胞的毒性作用。②组织病变法，如苯酚可影响鱼类肝脏正常功能，使肝组织空泡化；重金属能破坏鱼类鳃组织，使鳃丝上皮肿胀，柱状细胞分解及坏死。③生理、生化等指标测定法，如锌能使鱼类血液中淋巴细胞数量减少；有机磷农药和氨基甲酸酯农药对胆碱酯酶的活性有特异性抑制作用。④鱼类呼吸指标测定法，通过测定耗氧率、鳃盖活动频率或呼吸率等研究药物对鱼类呼吸活动的影响。

4. 慢性毒性　　慢性毒性指水产动物在生命期的大部分时间或终生接触低剂量外源化合物所产生的毒性效应。慢性毒性试验的目的是观察受试动物长期连续接触药物对机体的影响。通过了解水产动物对渔药的毒性反应、剂量与毒性反应的关系、药物毒性的主要靶器官、毒性反应的性质和程度及可逆性等，确定动物的耐受量、无毒性反应的剂量、毒性反应剂量及安全范围，毒性产生的时间、达峰时间、持续时间及可能反复产生毒性反应的时间，有无迟发性毒性反应，有无蓄积毒性或耐受性等。

慢性毒性试验的方法与亚慢性毒性试验在试验设计、观察指标等方面基本相同。慢性毒性试验一般是在急性毒性试验和亚慢性毒性试验的基础上进行的，根据急性和亚慢性毒性试验数据设置试验浓度。试验可从胚胎或鱼苗阶段开始，也可以从性腺还未发育成熟的幼鱼开始，一直延续到鱼的生长发育成熟，以至产卵孵化。由于试验时间较长，一般需要使用流水装置，以保持药液浓度恒定和鱼类生存的良好条件。此外，还要注意食物、溶氧、pH等适宜鱼类生长。所得到的存活率、生长率、产卵率和孵化率等数据，采取统计学方法进行分析处理。

总之，慢性毒性试验可以确定渔药的毒性下限，了解短期试验所不能测得的反应，即长期接触该化合物可以引起危害的阈剂量和最大无作用剂量，为进行该化学物的危险性评价与制定水产动物接触该化学物的安全限量标准提供毒理学依据，如每日允许摄入量、最高允许浓度或最高残留限量等。慢性毒性试验是临床前安全性评价的主要内容，可为临床安全用药的剂量设计以及毒副作用监测提供依据。

二、特殊毒性风险

特殊毒性是指观察和测定药物能否引起某种或某些特定毒性的反应，以此为目的而设计的毒性试验称为特殊毒性试验。狭义的特殊毒性试验是指"三致"试验，即致突变、致畸、致癌试验；广义的特殊毒性试验还包括过敏性试验、局部刺激性试验、免疫毒性试验、光敏试验、眼毒试验和耳毒试验等。对于渔药的特殊毒性试验主要是"三致"试验。

1. 致畸试验 致畸试验是为了解受试渔药是否通过母体对胚胎发育过程（主要是胚胎的器官分化过程）产生不利影响而开展的一种试验。对水产动物的致畸试验可以利用亲鱼和受精卵进行。胚胎畸形是观察指标之一，其致畸原可以从两个方面分析：一方面是雌性亲鱼，药物通过母体的血液循环传递至生殖腺，如敌百虫等药物就易于在母体的生殖腺内积累，经卵母细胞的二次成熟分裂，脱离滤泡排卵，产卵受精直至孵化，于卵黄囊吸收阶段方显示出较强的毒性，胚胎出现畸形，导致发育迟缓、功能不全以致死亡；另一方面是受精卵直接接触外来药物，在卵胚的早期发育阶段，尤其是在囊胚期之前接触外来药物，极易引起畸形的现象。

2. 致突变试验 致突变试验的主要目的是检测药物是否具有引起基因突变作用或染色体畸变作用，即检测各种遗传终点的反应。目前致突变作用的检测方法已有100多种，检测方法可分为三大类：基因突变、染色体畸变和DNA损伤与修复。我国采用的新药致突变试验主要包括微生物回复突变试验、哺乳动物培养细胞染色体畸变试验和微核试验三项。

（1）鼠伤寒沙门氏菌营养缺陷型回复突变试验 简称Ames试验，是目前检测基因突变最常用的方法之一。Ames试验是利用组氨酸缺陷型的鼠伤寒沙门氏菌突变株为测试指示菌，观察其在受试药物作用下回复突变为野生型的一种测试方法。组氨酸缺陷型的鼠伤寒沙门氏菌在缺乏组氨酸的培养基上不能生长，但在加有致突变原的培养基上培养，则可以使突变型产生回复突变而成为野生型，即恢复合成组氨酸的能力,在缺乏组氨酸的培养基上可生长为菌落,通过计数菌落出现的数目可以估算受试药物致突变性的强弱。

(2)哺乳动物培养细胞染色体畸变试验 用细胞遗传学方法检测受试药物是否影响 DNA 结构或改变遗传信息,从而判定新药的遗传毒性。哺乳动物体外培养细胞的基因正向突变试验常用的测试系统有小鼠淋巴瘤 L5178Y 细胞、中国仓鼠肺 V79 细胞和卵巢 CHO 细胞。

(3)微核试验 有丝分裂过程中,因断裂剂引起的染色体断片或无着丝点环,以及因非整倍体诱变剂所致纺锤体损伤而致个别行动滞后的染色体不能进入子核,从而留在细胞质中成为微核。微核自发形成率很低,在 0.3% 以下,而且微核出现率与染色体畸变率之间有明显的相关性,所以微核试验可用于断裂剂和部分非整倍体诱变剂的初步检测。

根据农业农村部《新兽药特殊毒性试验技术要求》规定,致突变试验必须至少做三项,其中 Ames 试验和微核试验为必做项目;精子畸形试验、睾丸精原细胞染色体畸变试验、显性致死突变试验三项可任选一项;前二者任何一项为阳性,均必做显性致死突变试验。

3. 致癌试验 致癌作用是导致癌症的一系列内在或外部因素的多步骤过程,其最基本的特征是癌症由异常基因表达引起。由于肿瘤一般在水生动物中比较常见,这可能与水生生物 DNA 的修复能力和效率较低有关,因此对致癌性强的渔药必须进行致癌试验。

选择实验动物应根据动物对某种受试药物致癌作用反应的敏感性而定。大鼠或小鼠对多种致癌物的反应较敏感,故致癌试验一般多选用大鼠或小鼠。试验期限通常要求从断乳开始(有时在断乳前开始)直到自然死亡,几乎包括动物整个生命期。试验过程中要求经常观察动物的一般状况,定期检查和记录肿瘤的总发生率、各种肿瘤发生率和肿瘤出现期限等指标。而病理学检查是评定受试药物致癌作用的主要依据。

致癌试验较为复杂，目前我国新兽药的特殊毒性试验中暂未作出具体要求。

三、典型毒性风险及其案例

当恩诺沙星以常规给药剂量（20mg/kg）连续口服异育银鲫时，不会引起异育银鲫生理生化和病理损伤；而当用量达40mg/kg时，会引起异育银鲫肝功能失调。吡喹酮浸泡和灌胃两种给药方式对鲫的毒性差别很大，低浓度吡喹酮采用浸泡或混饲投喂的给药方式，对血清中碱性磷酸酶（ALP）、超氧化物歧化酶（SOD）、谷丙转氨酶（ALT）活性均有显著影响；而高浓度吡喹酮对SOD、ALT影响显著，可能会造成肝脏损伤，影响机体的抗氧化功能。高效氯氰菊酯对鲫半数致死浓度值随水温的升高而增大，随pH升高而增大，除虫菊酯或拟除虫菊酯类药物对鲢的毒性作用远高于草鱼。有机磷农药能抑制乙酰胆碱酯酶活性，引起乙酰胆碱代谢紊乱，大量蓄积的不能水解的乙酰胆碱致使后续神经元或效应器持续兴奋。药物对胆碱酯酶分子上的阴离子和酯部分亲和力越强，毒性越大。

📖2001—2002年期间，江苏连云港灌云县某饲料公司长期在饲料中添加喹乙醇（当时喹乙醇尚未列入禁用药物清单），造成某养殖场养殖的鲫、鲤、草鱼等鱼类在冬季拉网期间大规模死亡，损失约400万元。死亡鱼肌肉中喹乙醇的残留量高达 $1.931 \sim 3.390$ mg/kg；鱼类的肝脏、脾脏、肾脏、肌肉等组织均出现了不同程度的病变；剩余配合饲料中喹乙醇的含量高达 $374.0 \sim 742.5$ mg/kg。模拟养殖实验饲养99d后进行应激刺激，实验组鱼类死亡率为 $44.8\% \sim 80.0\%$，中毒死亡症状符合鱼类喹乙醇中毒死亡的典型特征。

📖2012年上海浦东新区某河道总铁浓度高达37.6mg/L，且化学需氧量（COD）、生物需氧量（BOD）、氨氮三项指标超过了国家规定的渔业水质标准限值（表3-1），造成草鱼、鳊、河虾、鲢等水产动物大规模死亡。死亡水产动物组织病理检测提示中毒症状明显。

表 3-1　水质因子实测值与渔业水质标准限值的对比

项目	水质因子实测值（mg/L）		渔业水质标准限值（mg/L）
	报告号 A	报告号 B	
pH	6.63	7.31、7.43	6.5~8.5
悬浮物	302	202、216	—
总铬	0.016	—	≤0.1
总镍	0.05	—	≤0.05
总铁	37.6	—	—
COD	77.0	441、516	≤20*
BOD	23.0	—	≤4*
氨氮	24.0	15.8、16.3	≤1.0*

注：＊表示该项值超标。

📖2013 年 5 月福建省宁德市某河鲀养殖场使用铜铁合剂驱杀寄生虫，由于剂量不当，当日河鲀摄食不正常，次日河鲀上浮、游窜，死亡达数千尾。其原因为河鲀对铜铁合剂较为敏感，过量使用造成河鲀中毒大量死亡。

📖2019 年，虾蟹养殖户使用某公司"杀青苔"产品后，其主要成分扑草净虽然对鹌鹑、蜜蜂低毒，对鱼毒性中等，属低毒除草剂，但对小龙虾毒性极高，在江苏、湖北等主要小龙虾养殖区造成严重的经济损失，引起了社会的广泛关注。

第二节　残留风险

动物源性食品中药物残留风险由来已久。食品法典委员会（CAC）是药物残留监管的主要国际组织，早在 1984 年，在 CAC 的倡导下，由联合国粮食及农业组织（FAO）和世界卫生组织（WHO）牵头倡导成立食品中兽药残留立法委员会（CCRVDF），该组织于 1986 年正式成立，此后每年在美国华盛顿召开一次全体委员会，制定和修改动物组织及其产品中的兽药最高残留限量

（MRL）以及休药期等标准。

在我国水产养殖迅猛发展的过程中，病害日趋严重，由于对渔药用量、用药次数以及休药期的认识不够，渔药在水产品中残留风险备受公众关注。自 1997 年农业部先后颁布《动物性食品中兽药最高残留量的规定》和《关于开展兽药残留检测工作的通知》以来，渔药残留风险控制已取得初步成效。

渔药在水产动物体内的残留风险包括渔药在水产动物体内的残留及各种代谢产物造成的风险。渔药在水产动物体内的总残留由母体化合物、游离代谢物及与内源性分子共价结合的代谢物组成。例如，吡喹酮能在草鱼等淡水鱼类组织中迅速、大量转化成其代谢产物。组织中每种残留物的相对量和绝对量，随着所给药物的量和最后一次给药后的时间变化而变化。由于总残留中不同的化合物具有不同的潜在毒性，因此，必须研究用药靶动物可食部分中总残留的数量、持续时间和化学性质，还要研究化合物在毒性实验动物体内的代谢情况。

一、残留风险的评价

放射性示踪法是迄今用于确定药物总残留最有用的技术。[14]C 是最为广泛使用的同位素，因为它的标记不会出现分子间交换的问题。清除研究通常是向过去未用药的足量动物给予放射标记的药物，最后一次用药后，间隔一定时间将分组的动物处死。所给的化合物具有很高的放射性纯度，因为放射性标记的污染物可能造成一种药物持续残留的假象。放射性标记的位置，应保证原型药物中很可能与毒性有关的部分得到了恰当的标记。

为了评价渔药的残留风险，需要评估渔药在水产动物可食用组织中的安全浓度。渔药在可食组织中的安全浓度是利用每日允许摄入量（简称日许量）[ADI，单位为 mg/（kg·d）]、人的平均体重（60 kg）和每日摄入值（g/d）计算的。具体计算方法如下：

$$安全浓度 = \frac{ADI \times 60}{摄入值}$$

用最大无作用剂量（NOEL）除以安全系数，即可确定药物残留的日许量（ADI）。

为保证渔药总残留不超标，其总残留的测量需要以下过程来实现：①选择标示残留物；②确定标示残留物与总残留之间的定量关系；③计算标示残留物在靶组织中的最大允许浓度，以保证有毒物质的总残留不超过允许浓度。

二、残留限量及其确定依据

渔药残留限量一般是指存在于水产品中的不会对人体的健康造成危害的药物含量。它是确定水产品安全、保护人类健康的一个重要标准。

根据残留的水平，可将残留限量分为 3 类：

（1）零残留或零容许量　它是指药物的残留等于或小于方法的检测限。

（2）可忽略的容许量　即常说的微容许量，其残留量稍高于检测限而低于安全容许量。

（3）安全容许量　又称为有限的容许量或法定的容许量，即最高残留限量（maximum residue limits，MRLs 或 MRL）。它是指药物或其他化学物质允许在食品中残留的最高量。其值比较高（甚至没有残留上限），但即使吃了含有此残留水平的水产品，也不会对人体健康造成危害。

MRL 属于国家公布的强制性标准，决定了水产品的安全性和渔药的休药期。MRL 确定的依据是：确定残留组分，测定最大无作用剂量（NOEL），进行危害性评估（安全系数），确定日许量（ADI）和接触情况调查（食物系数）。如果组织中含有多个残留组分，如原型药物和代谢产物，则制定 MRL 时需考虑监控总残留（total residues）。MRL 可采用下式计算：MRL＝ADI×平均体重/食物消费系数，其中，MRL 单位为 mg/kg，ADI 单位为 mg/（kg·d），平均体重单位为 kg，食物消费系数单位为 kg/d。

制定 MRL 还要考虑以下几点：①药物对人类健康的危害程度，如有致癌、致畸、致突变等"三致"作用的药物，最高残留限量要求就应比较苛刻，而一般毒性较小又不与人用药同源的药物，最高残留限量则可适当高些；②残留药物（或其代谢产物）会不会对人体内的有益菌群造成破坏，会不会导致耐药菌株或耐药因子的产生；③残留药物检测方法的灵敏度；④国际上有关国家和组织所制定的最高残留限量标准；⑤我国水产品生产和进出口的具体要求。

三、休药期及其制定

休药期（withdrawal time，WDT）是指从停止给药到允许动物宰杀或其产品上市的最短间隔时间。也可理解为从停止给药到保证所有食用组织中总残留浓度降至安全浓度以下所需的最少时间。

休药期的制定一般是根据水生动物生长旺盛季节，口服给药时的药动学规律而制定的。制定休药期应考虑以下问题：

（1）最高残留限量 休药期终了时渔药在水生动物可食部分的残留量应低于其最高残留限量。

（2）检测方法的检测限 检测限应该低于或等于渔药在水生动物体内的最高残留限量。

（3）消除速率方程和消除半衰期（$t_{1/2\beta}$） 因为二者能反映渔药在水生动物体内的消除情况，可据此计算出渔药消除至最低残留限量或以下时所需的时间。

（4）养殖水环境状况 其中以温度最为重要。

（5）具有危害作用代谢产物的消除情况 如恩诺沙星，要根据其在水生动物组织中原型渔药及其活性代谢产物的总残留浓度确定休药期。

（6）结合残留 如某些渔药与血浆蛋白结合后形成残留，可造成危害。

此外，制定休药期时还应满足以下条件：①给养殖生产者提供一个高保险系数，使水产品品质能符合现行法规。②与国家法律法规相一致。③具有可操作性，能使生产者自觉遵守。

　　大多数药物在机体作用下都会发生生物转化，形成极性较强、水溶性较大的代谢产物。然而目前的研究多针对原型药物，对代谢产物的涉及较少，但其残留的危害应引起足够关注和重视。如磺胺甲噁唑的代谢产物乙酰磺胺甲噁唑具有较强的毒副作用，恩诺沙星的代谢产物环丙沙星现已被禁用。

四、渔药残留风险及其案例

　　含有渔药残留的水产品可使药物在人体内慢性蓄积而导致各器官功能紊乱或病变，严重危害人类的健康（表3-2）。

表3-2　部分渔药残留的危害

药物名称	危　害　情　况
氯霉素	抑制骨髓造血功能，造成过敏反应，引起再生障碍性贫血，还可引起肠道菌群失调及抑制抗体形成
呋喃类药物	能引起人体细胞染色体突变并具有致畸作用；引起过敏反应，表现为周围神经炎、药热、嗜酸性粒细胞增多等特征
磺胺类药	使肝、肾等器官负荷过重而引发不良反应，引起颗粒性白细胞缺乏症、急性及亚急性溶血性贫血，以及再生障碍性贫血等；引起过敏反应，表现为皮炎、白细胞减少、溶血性贫血和药热等
孔雀石绿	产生"三致"作用，能溶解足够的锌，引起水生生物中毒
硫酸铜	妨碍肠道酶（如胰蛋白酶、α-淀粉酶等）的作用，影响鱼摄食生长，使其肾小管扩大，周围组织坏死，造血组织被毁坏
甘汞、硝酸亚汞、醋酸汞等汞制剂	易富集，蓄积性残留造成肾损害，有较强的"三致"作用
杀虫脒、双甲脒	对鱼有较高毒性，中间代谢产物有致癌作用，对人类具有潜在的致癌性
林丹	毒性高，自然降解慢，残留期长，有富集作用，可致癌
喹乙醇	对水生动物的肝、肾功能造成很大的破坏，使其应激能力和适应能力降低，捕捞、运输时能产生应激性出血反应；长期大剂量使用还能引起水生动物死亡

（续）

药物名称	危 害 情 况
己烯雌酚、黄体酮等雌激素	扰乱激素平衡，可引起恶心、呕吐、食欲不振、头痛等，损害肝脏和肾脏，导致儿童性早熟，男孩女性化，还可引起子宫内膜过度增生，诱发女性乳腺癌、卵巢癌以及胎儿畸形等疾病
甲基睾丸酮、甲基睾丸素等雄激素	引起雄性化作用，对肝脏有一定的损害，可引起水肿或血钙过高，有致癌危险

目前的渔药残留的研究多针对原型药物，对代谢产物的涉及较少，但其残留的危害，应引起足够关注和重视。磺胺甲噁唑的代谢产物乙酰磺胺甲噁唑具有较强的毒副作用，恩诺沙星的代谢产物环丙沙星现已被禁用。口服呋喃唑酮后，草鱼肌肉组织中15d后检不出呋喃唑酮原型药物残留，但呋喃唑酮的主要代谢产物3-氨基-2-噁唑烷酮（AOZ）比原型药物在鱼体内代谢更慢，残留时间更长。28℃水温下，斑点叉尾鮰肌肉中的恩诺沙星和环丙沙星完全消除需要120d。鲫长期暴露于低浓度（15μg/L）甲苯咪唑中，20d内食用存在药物残留安全风险。

鳗鲡养殖和加工是20世纪90年代以来在我国沿海地区（如广东等）发展起来的具有高附加值的"三高"农业产业。我国的鳗鲡及其制品主要出口日本，但是在1995—2000年间，日本市场多次退回并销毁抗生素超标的鳗鲡及其制品，给我国造成了巨大的经济损失，极大地损害了我国水产品在世界贸易中的形象。

2001年12月10日、12日、14日，欧盟从我国出口虾制品中检出氯霉素残留而连续发出4个食品快速预警通报；次年2月欧盟通报从浙江、广东和辽宁等地进口的冻虾中连续13次检出氯霉素超标。随后针对氯霉素残留等问题，欧盟常设兽医委员会通过了禁止进口中国动物源性食品的决议，对我国水产品出口贸易造成了不可估量的损失。

2005年6月5日，英国媒体报道：英国食品标准局在英国一家知名的超市连锁店出售的鲑体内发现孔雀石绿。有关方面将此事迅速通报给欧洲国家所有的食品安全机构，发出食品安全警报。

2005 年 7 月 7 日，农业部办公厅向全国各省、自治区、直辖市下发了《关于组织查处"孔雀石绿"等禁用兽药的紧急通知》，在全国范围内严查违法经营、使用孔雀石绿的行为。以孔雀石绿残留为代表的水产品质量安全问题成为政府和公众关注的焦点。

📖2006 年 11 月 17 日，上海市食品药品监督管理局发布消费预警，在大菱鲆专项抽检中，检出违禁药物的残留，超标抗菌药物有 7 种，其中 3 种是禁用渔药，分别是硝基呋喃类、氯霉素和孔雀石绿，另外 4 种分别是土霉素、红霉素、环丙沙星和恩诺沙星。27日，农业部公布此事件的调查处理情况，经检测确认，山东省日照市东港区 3 家养殖企业在养殖过程中违规使用氯霉素、孔雀石绿等违禁药物。山东省海洋渔业部门依据相关规定，对上述三家企业及其产品予以停止销售、监督销毁、罚款等处理。渔业部门同时要求有关企业一律停止药残超标的大菱鲆上市销售，直到所有产品检验合格。

📖2015 年，国内罗非鱼出口产品在欧美被检出磺胺超标，导致出口订单量大减，随后引发一系列连锁反应，养殖户信心受挫，加工厂订单少、库存高，国内鱼价远低于成本价，养殖户投苗和投料积极性差。

📖2016 年 5 月，宁波市镇海区市场监管局对辖区 17 家小龙虾店进行抽检，快速检测结果显示，有 20 个批次的小龙虾疑似含有呋喃西林、孔雀石绿等致癌药物。此外，少批次检出重金属含量超标。

📖2018 年，湖北省食品药品监督管理局抽检的 9 类食品 510批次样品中，鲫、乌鳢等 7 批次水产品被检出兽药残留超标，成为不合格产品的重灾区，其主要超标的药物种类涉及氧氟沙星等氟喹诺酮类药物。

📖2019 年 4 月，山东省水产品质量检验中心发现山东省临朐县被抽检的 6 个鲟样品药物残留检验呈阳性，其中，半成品鲟中孔雀石绿含量超标。其主要原因是鲟养殖过程中，很多渔民使用禁用药品孔雀石绿来预防水霉病、鳃霉病、小瓜虫病等；此外，在运输过程中，为了使鳞受损的鱼延长生命，鱼贩也常违规使用孔雀石绿。

📖 2019 年，广州市市场监督管理局第 6 期食品安全监督抽检信息显示，9 批次食用农产品不合格，其中 2 批次不合格水产品来自某知名品牌超市，其"黄金贝"和"花甲王"中均检出违禁药物氯霉素。

第三节　耐药性风险

耐药性又称抗药性，渔药的耐药是指微生物、寄生虫等病原生物多次或长期与渔药接触后，它们对渔药的敏感性会逐渐降低甚至消失，致使渔药对它们不能产生抑制或杀灭作用的现象。

耐药性根据其发生原因可分为获得耐药性（acquired resistance）和天然耐药性（natural resistance）。目前认为后一种方式是产生耐药菌的主要原因。自然界中的病原体，如细菌的某一株可存在天然耐药性，当长期使用抗生素时，占多数的敏感菌株不断被杀灭，耐药菌株就大量繁殖，代替敏感菌株，而使细菌对该种药物的耐药率不断升高。

根据耐药程度不同，可将获得性耐药分为相对耐药（relative resistance）及绝对耐药（absolute resistance）。相对耐药在一定时间内最低抑菌浓度（minimum inhibitory concentration，MIC）逐渐升高，其发生率随抗菌药物的敏感性折点标准不同而异，而绝对耐药则是由于突变或 MIC 逐步增加，即使药物浓度高，亦不具有抗菌活性。

耐药性问题是公认的严重困扰现代农业发展的"3R"问题（即"抗性""再增猖獗"和"残留"）之一。水产养殖过程中的水环境是水产动物病原菌耐药性传播的重要渠道，然而遗憾的是，长期以来我国对水产动物病原耐药性问题的认识远远落后于水产养殖业的迅猛发展，直到近年来人们才逐渐意识到水产动物病原菌的耐药性问题直接关系到水产品健康养殖和公共卫生安全，养殖过程中长期使用药物造成的水产动物病原菌耐药性危害和风险逐步为全社会所关注。耐药性状况主要依据病原菌对药物菌敏感性——最低抑菌浓度或最低杀菌浓度（minimal bactericidal concentration, MBC）来评价。包括嗜水气单胞菌（*Aeromonas hydrophila*）、溶藻弧菌（*Vibrio alginolyticus*）、哈维氏弧菌（*Vibrio harveyi*）等在内的主要水产养殖病原菌均被发现对主要药物具有较强的耐药性。病原菌耐药性风险会通过水产养殖品传播到人体内积累，而最终危害人类自身的健康。

一、耐药性风险的特点

病原菌对抗菌药物的耐药性可通过三条途径产生，即基因突变、抗药性质粒的转移和生理适应性。以基因突变为例，耐药性的产生具有以下特点。

（1）不对应性　药物的存在不是耐药性产生的原因，而是淘汰原有非突变型（敏感型）菌株的动力。

（2）自发性　即可在非人为诱变因素的情况下发生。

（3）稀有性　以极低的频率发生（$10^{-8} \sim 10^{-6}$）。

（4）独立性　对不同药物的耐药性突变产生是随机的。

（5）诱变性　某些诱变剂可以提高耐药性突变的概率。

（6）稳定性　获得的耐药性可稳定遗传。

（7）可逆性　耐药性菌株可能发生回复突变而失去耐药性。

二、耐药性风险的产生类型

耐药性风险的产生的主要有以下类型。

（1）产生灭活酶　细菌通过产生破坏或改变抗生素结构的酶，如β-内酰胺酶、氨基苷类钝化酶和氯霉素乙酰转移酶，使抗生素失去或减低活性。抗生素由于革兰氏阳性菌（如金黄色葡萄球菌）所产生的青霉素酶、革兰氏阴性菌所产生的β-内酰胺酶系的水解或结合，而不易与细菌体内的核蛋白体结合。

（2）膜通透性的改变　细菌的胞浆膜或细胞壁有屏障作用，能阻止某些抗菌药物进入菌体，包括降低细菌细胞壁通透性和主动外排两种机制，以阻止抗生素进入细菌或将抗生素快速泵出。鼠伤寒杆菌因缺乏微孔蛋白通道，对多种抗生素相对耐药。当敏感菌的微孔蛋白量减少或微孔关闭时，能对大分子及疏水性化合物的穿透形成有效屏障，可转为耐药。

（3）药物作用靶位的改变　抗生素可专一性地与细菌细胞内膜上的靶位点结合，干扰细菌细胞壁肽聚糖合成而导致细菌死亡。DNA 解旋酶和拓扑异构酶是喹诺酮类药物的主要作用靶位，其在大肠杆菌耐药性产生过程中起重要作用。

（4）改变代谢途径　对磺胺类药耐药的菌株，可产生较多的对氨苯甲酸或二氢叶酸合成酶，或直接利用外源性叶酸。

有的耐药菌存在两种或多种耐药机制。一般说，耐药菌只发生在少数细菌中，难以与占优势的敏感菌竞争，只有当敏感菌因抗菌药物的选择性作用而被抑制或杀灭后，耐药菌才得以大量繁殖，继发各种感染。因此，细菌耐药性的发生、发展是抗菌药物的应用，尤其是抗菌药物滥用引发的后果。

三、耐药性风险的流行特征

耐药性风险的流行具有以下特征。

（1）耐药病原菌与相应敏感病原菌在分子水平上有明细差异，具体体现在代谢水平、超微结构和亚结构上。

（2）新的耐药类型总是伴随新的药物的应用而出现。一般来说，耐药病原菌的出现稍迟于药物的应用，其时间与病原菌的种类以及药物的品种、剂量、给药途径和使用频率等因素有关。

（3）耐药病原菌的分布具有区域性差异，这种差异可能很显著。

（4）多重耐药性病原菌逐渐增多。

（5）由于抗菌药物的选择作用，病原菌的耐药程度不断提高。

（6）耐药性逆转的速度非常缓慢。

四、水产养殖耐药性风险的特点及其控制难度

水产养殖病原菌耐药性风险具有自身的特点和较大的控制难度，主要体现在以下几方面。

（1）水产动物病原菌的耐药性可随着水产养殖品传播给人，由于目前专用兽药极少，许多渔用药物由人药或畜禽用兽药转化而来，由此造成人类公共卫生安全和食品安全隐患。

（2）水域环境是水产养殖业依赖的载体和平台，水体的流动性和巨大的跨区域运输能力增加了水产养殖病原菌耐药性风险的不确定性，增加了其风险监测和控制的难度。

（3）药物是防治水产动物病害的最重要的手段，特别是在我国水产品消费和对外出口贸易潜力巨大、养殖产业转型升级的背景下，绿色发展是水产养殖业发展的主题，水产动物病原菌的耐药性往往造成生产实践中病害防治"无药可用"的局面，水产养殖耐药性风险被认为是制约产业发展的最重要因素之一。

（4）我国水产养殖动物品种众多、区域性强、模式多样性强及水产养殖耐药性基础数据较为匮乏，均为风险控制增加了难度。

五、控制水产养殖病原菌耐药性风险的原则

（1）改变水产养殖生产模式，减少疾病的发生　传统水产养殖模式养殖密度高，发生流行性疾病风险大，为了预防和治疗疾病，化学药物的使用量巨大。因此，改变传统养殖模式，践行绿色发展理念，加强健康养殖管理，是降低耐药性风险的最基本的措施。

（2）提高药物的使用效率，避免药物滥用　从诊断技术入手，提高疾病的诊断准确性和效率，精准、减量用药，针对病原菌用药，提高药物的使用效率。

（3）提高或改进药物投喂技术　由于水产养殖用药的特殊性，优化药物的投喂技术，可以有效减少药物使用量，最大限度降低对环境的影响，降低耐药性风险。

（4）定期监测病原菌耐药性的变化 监测和评估病原菌耐药谱的变化及传播状况，积累、掌握和分析耐药性数据，是防范耐药性风险的基础。

（5）开发研制新的抗菌药物和有效的疫苗。

六、我国主要水产养殖区耐药性风险特点

我国渔药耐药性风险呈现如下特点：①水产动物病原菌广泛携带耐药基因的整合子，且多重耐药菌株普遍。②来源于鱼、虾、龟鳖等水产动物的气单胞菌均对主要渔用药物的耐药率较高。不同来源、不同地区相同病原菌耐药性有一定的差异。③复合水产养殖环境有可能有利于耐药菌从畜禽向水产养殖环境转移。

以华东地区主要的淡水养殖致病菌——嗜水气单胞菌和海水致病菌——弧菌为例，采集于浙江、江苏、江西、湖北、上海等主要淡水养殖区的 50 株致病性嗜水气单胞菌对抗生素的耐药性可分为12 种耐药模式。

七、水产养殖耐药性风险监测主要存在的问题

近年来，对于来源于水产养殖环境中的病原菌耐药性的监测和风险评估是由农业农村部全国水产技术推广总站牵头组织，在全国主要水产养殖区针对主要水产养殖病原菌开展耐药性监测和风险评估，目前仅仅起步几年，数据也相对较为匮乏，主要问题主要表现在如下几个方面：

（1）缺乏快速、简便、针对性强、适合水产养殖动物和环境特点的耐药性分析调查技术手段 水域环境的特殊性（流动性、地域性）及水产动物病原的复杂性对水产动物病原菌耐药性分析调查提出了特殊的要求。目前，关于水产养殖病原菌耐药性的分析调查方法大都来源于兽药或人药，对于水产养殖病原菌耐药性分析的技术手段较单一、针对性差，未能充分利用现有的分子生物学、免疫学和蛋白质检测技术手段，不能满足水产动物病原菌耐药性分析调查的需要。这也是目前缺乏完善的水产养殖病原菌耐药性数据的根本

技术原因。

（2）针对主要水产养殖病原菌缺乏耐药性的判定标准　耐药性判定标准的制定建立在掌握大量的药理学和病原微生物学基础背景资料的基础上。耐药性判定标准的制定不但需要依据抗菌药物的药代动力学参数、最低抑菌浓度（MIC）及细菌对药物的应答率等因素确定药敏试验折点（敏感限），还要依据实践中的药效学参数对敏感性进行量化分类。此外，由于不断变化的耐药机制、细菌菌群分布的漂移及科技手段的进步，此类标准还需要定期修订。

我国检测细菌抗生素耐药性原则上采用美国临床实验室标准化委员会（NCCLS）推荐的方法和判断标准，其中临床细菌室应用最多的是纸片扩散（K-B）法，但并不是所有细菌都适合用该方法检测耐药性。国内一些耐药性分析报告中，不管 NCCLS 标准是否适合该菌的判断，仍按照 NCCLS 标准操作和判断结果。在某些实验室，过时的 NCCLS 标准仍在被使用。

对于水产养殖病原菌而言，以上基础背景资料还尚不完善或正在获取的过程中。尽快制定并定期修订水产养殖病原菌耐药性判定标准是着手开展水产动物病原菌耐药性的研究并提出应对策略的当务之急。

（3）水产养殖区的病原菌耐药性状况（地域分布和历史传播）等的原始数据几乎为空白　尽管我国政府早已意识到耐药性问题的严重性，并投入较大的人力、物力和财力启动了动物源细菌耐药性监测计划，但该技术中未涉及水产动物病原菌，这是一个重大的遗漏。长期以来，由于认识不足和技术储备不足等原因，我国从未系统地开展过水产动物病原菌的耐药性分析调查，仅有零星的研究报道远远不能满足水产养殖产业的需求。由于缺乏真实、有效的耐药性状况调查数据，水产养殖从业者在制定水产动物安全用药方案、保护养殖水域生态环境和维护公共卫生安全方面显得力不从心。

水产养殖中病原菌的耐药性问题日益突出，极大地增加了病害的防控难度和成本，其根本原因就是缺乏其耐药性状况的原始数据，人们无法采取准确、有效的措施对现有的用药方法进行修正以规避耐药性风险。

（4）水产养殖病原菌耐药性来源、传播途径及规律不明，能有效控制其耐药性的技术缺失　由于水产动物病原菌的特殊性，我国尚未系统地开展过关于水产动物病原菌耐药性的起源、传播途径、传播规律等方面的研究，针对水产养殖过程中水产动物病原菌耐药性的控制技术手段也几乎是空白。

八、典型耐药性风险案例

📖自 1945 年磺胺类药物被成功地应用于治疗鳟的疖疮病以来，化学治疗成为防治细菌性水产动物疾病的重要手段。然而，随着抗菌渔药使用范围和剂量的日益扩大，细菌的耐药性现象日趋严重。早在 1957 年，在美国首次观察到由耐磺胺药的杀鲑气单胞菌引起的虹鳟流行性感染；1971 年在日本养殖的大麻哈鱼中发生由耐磺胺药和耐氯霉素的鲑气单胞菌引起的大规模流行性感染；20世纪 80 年代末 90 年代初，在我国大规模流行的淡水鱼类细菌性败血症病原嗜水气单胞菌对多种抗生素都有耐药性。

📖2010 年，北京市开展了养殖鱼类主要病原菌耐药性监测，结果显示：全市 30 余家养殖场 162 份检测样品中，不同地区不同养殖品种分离的病原菌对药物的敏感性不一致；分离到的病原优势菌对喹诺酮类药物最敏感，在敏感药物中对氟苯尼考最敏感，其他依次是诺氟沙星、盐酸沙拉沙星、左氧氟沙星、盐酸多西环素。

📖2010 年对收集自上海、江苏、海南等地海水养殖区域内的184 株弧菌进行了耐药率测定，发现这些菌株对恩诺沙星、复方新诺明的耐药率分别达到了 54.3% 和 57.6%，而且菌株交叉耐药和多重耐药现象严重。

📖2018 年，从广东省 9 个地区人工养殖的水生动物体内分离出 32 株维氏气单胞菌和 16 株无乳链球菌，它们对 7 种主要抗菌药物有明显的敏感性，包括甲砜霉素、盐酸土霉素、氟苯尼考和磺胺二甲嘧啶等。

第四节　生态风险

渔药与兽药最大区别是它们的使用环境不同。渔药作用于水生动物都需要以水体为媒介，有相当一部分的渔药会直接散失到水环境中，造成水环境的生态短期或长期的退化，特别是重金属、消毒剂、抗生素等。近年来由渔药造成的生态风险问题已经引起人们的广泛关注，其生态风险主要表现在如下方面。

一、渔药生态风险对食物链的影响

渔药的大量使用可对食物链产生严重的影响。在水体或泥土中的渔药被水生植物等初级生产者吸收或是被二级食物链生物（如栖居在水底的软体动物）摄入，水禽等再摄食水生植物和软体动物等，导致了渔药残留的转移。此外，水中大量的浮游生物吸收水中的渔药，食肉昆虫又吃浮游生物，大部分鱼类又以食肉昆虫为食，人捕鱼食鱼，鹤和鹰也食鱼，最终药物便进入人、鹤和鹰体内。某些重金属在水体中无法被微生物降解，只能迁移或转化，容易在水底淤泥及水生生物体内蓄积，水生生物体内蓄积的大量重金属又会危害水生生物的健康，当体内蓄积有大量药物的水生生物被人食用后，就会使人体产生过敏反应、中毒作用等各种反应，甚至致人死亡。

二、渔药生态风险对水体富营养化的影响

近年来，水体富营养化导致藻类的生长繁殖过度而引发水华已成为一个全球性的水环境问题。我国的水体富营养化程度比较严重并呈扩大化趋势。而赤潮发生的重要诱因之一是水体中的金属元素促进了藻类过度生长。金属元素对藻类的作用是把双刃剑，当浓度较低时，会促进藻类生长；而浓度过高时，又会抑制藻类生长。如 Cu 既是藻类生长所需的营养要素，又是最常见的杀藻剂。Fe、Zn、Cu、Mn、Mg 等金属元素促进藻类生长的主要机理是作为辅

助因子参与生物生化反应以促进藻类等生物增殖。

聚维酮碘浓度为 6.00～14.00mg/L 时对小球藻生长具有促进作用，对小球藻的半数致死浓度大于 14.00mg/L，对大型水蚤的半数致死浓度为 13.44mg/L（图 3-1）。

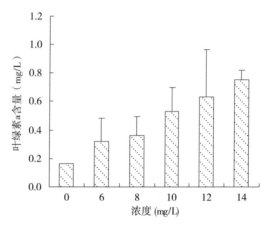

图 3-1　聚维酮碘对叶绿素 a 影响

底泥、伊乐藻和水产动物不同组织对阿维菌素的富集作用存在差异，同一生物体内不同组织器官对阿维菌素的富集能力也存在差异。阿维菌素在养殖水、底泥和伊乐藻中的变化规律见表 3-3。

表 3-3　阿维菌素在养殖水、底泥和伊乐藻中的消解方程及半衰期

介质	消解方程	相关系数（r^2）	半衰期
养殖水	$C_t = 3.780e^{-0.011\,4t}$	0.986	63.8h
底泥	$C_t = 1.642e^{-0.006t}$	0.907	115.5h
伊乐藻	$C_t = 6.475e^{-0.002\,2t}$	0.943	315.0h

三、渔药生态风险对水体中微生物生态平衡的影响

养殖水体中，有益菌和有害菌共同生存。当光合细菌、硝化细

菌等有益菌大量繁殖，占绝对优势时，制约了有害细菌的生长繁殖而有利于维持水体环境的稳定，大大降低了水产动物的发病概率。同时，有益菌还能产生抗菌物质和多种免疫促进因子，活化机体的免疫系统，强化机体的应激反应，增强机体抵抗疾病能力并提高存活率。水产消毒剂、抗菌药物在抑制或杀灭病原微生物的同时，也会抑制这些有益菌，使水产动物体内外微生物生态平衡被打破。当正常的微生物生态系统受到干扰或破坏之后，污染物质的分解速率可能受到影响，导致水体自净能力的降低，水质进一步恶化，造成微生物生态环境恶化或消化吸收障碍从而引起新的疾病。

四、典型生态风险案例

📖2005年，全国共发生渔业污染事故1 028起，直接经济损失约6.4亿元，环境污染所造成的天然渔业资源经济损失近45.9亿元。据华东地区不完全调查，仅2005年因渔药使用不当所造成的重大死鱼案件就有60余起，造成的直接经济损失达1 000万元以上。

📖2018年11月13日，福建省邵武市环境保护局发现某水产养殖场鳗鲡养殖废水未经有效处理排入下沙镇杨源村小溪，检测结果显示，养殖废水磷酸盐浓度为1.33mg/L，超过《污水综合排放标准》（GB 8978—1996）规定的标准限值1.66倍，对当地环境造成较大影响。

📖2018年，哈尔滨市开展水产品质量安全风险监测共采集样本109份。其中养殖用水33份、渔用饲料16份、水产品样本60份。检测重金属、渔药残留、pH等3类24项指标。结果显示：渔药的乱用、滥用导致渔药残留，引起养殖水体污染、水体生态结构破坏等不良后果，造成严重的生态风险。

📖2008年3月，广西南宁横县西津水库莲塘库区网箱养殖草鱼，其间养殖户向水中投放大量培藻灵等微生物制剂，使得水体迅速富营养化，之后养殖水体未经处理外排入河流，导致周边河流湖泊水体富营养化，水生动物疾病暴发，生态失衡。

  📖2015 年 6 月，中国科学院广州地球化学研究所公布了一份抗生素使用量和排放量清单，估算出 2013 年中国使用了 16.2 万 t 抗生素，其中 52％为兽用。同期，估计超过 5 万 t 的抗生素被排放进入水土环境中。在国内，几乎所有大型养殖场的动物粪便和饲料里都能检出多种抗生素。同年，上海复旦大学公共卫生学院对江苏、浙江、上海等地 1 000 多名 8～11 岁在校儿童进行尿液检验，结果显示，近六成儿童的尿液中含有抗生素；这项研究还发现，三种一般只限于畜禽使用的抗生素，在儿童体内也有检出。

  📖2017 年，云南红河县哈尼梯田稻鱼共作模式中有机氯农药（OCPs）的生态风险评级显示，其稻鱼共作模式中氯化脂环类 OCPs 高于氯苯类，主要分布于底泥环境中；来源分析表明，该地区除历史性残留的 OCPs 外，存在新的 OCPs 输入。水源汇合处、低海拔和中海拔地区水样中异艾氏剂的残留对水体鱼类存在较大风险；底泥中 OCPs 的残留风险要高于水中，部分采样位点六六六类、滴滴涕类、硫丹Ⅱ、氯丹和异狄氏剂存在较高的生态风险，而七氯在各个位点的残留均有较大的生态风险。总结得出梯田稻鱼共作环境中，底泥中的 OCPs 残留较水体需要更多的监控，而 OCPs 残留中的氯化脂环类需要引起重视。

  📖2019 年，华东师范大学对部分水产养殖场所涉及的养殖环境中的抗生素生态风险监测，结果表明土壤中总抗生素的平均含量为 109.32ng/g，以喹诺酮类和四环素类为主；沉积物中总抗生素的平均含量为 428.13ng/g，以四环素类和磺胺类为主；排污口水体中总抗生素的平均含量为 287.77ng/mL，以四环素类和喹诺酮类为主。

第四章　渔药风险评价及控制技术的发展及控制管理

第一节　我国渔药风险评价及控制技术的历史、现状及发展趋势

一、我国渔药风险评价及控制技术的历史（20 世纪 50 年代至 2010 年）

第一阶段，从 20 世纪 50 年代至 60 年代中期。这一阶段的特点在于针对主要病害筛选有效药物，初步形成治疗方案。当时的鱼病防治提出了"全面预防，积极治疗"的方针，渔药研究主要集中在针对病原筛选药物、药物有效浓度和安全浓度、药物应用范围及给药方法等方面，对当时的渔业生产起到了良好的促进作用。如硫酸铜、硫酸铜和硫酸亚铁合剂、敌百虫、高锰酸钾和硝酸亚汞等治疗寄生虫病，磺胺药治疗细菌性肠炎，食盐和小苏打治疗水霉病，漂白粉防治烂鳃病，石灰、茶饼和巴豆等清塘。

第二阶段，主要从 20 世纪 60 年代后期到 80 年代，这一阶段主要表现为抗生素和中草药研究呈现活跃趋势。土霉素、金霉素、红霉素、链霉素等抗生素相继应用于细菌病防治，中草药防治鱼病主要是大量的群众性经验，但这些工作仍停留在药效研究的阶段。渔药的剂型、工艺都沿袭畜禽兽药产品，缺乏适合水产动物特点的专用渔药。

第三阶段，从 20 世纪 90 年代开始至 2010 年，这一阶段水产动物病害及水产品质量安全问题突出，渔药风险基础理论研究转入从机理上解决生产实践问题。在这一阶段中，相关人员比较系统地

开展渔药基础理论（包括代谢动力学、药效学、毒理学等）的研究，取得了一系列成果：①开展了氯霉素、诺氟沙星等10余种渔药在罗非鱼、中华绒螯蟹、对虾等10余种主要水产动物体内的代谢和消除规律研究，建立了20余种渔药在水产动物体内残留的检测方法；②建立了药物体外诱导细胞酶的模型，从细胞水平分析组织和器官水平药物残留状况，为渔药的临床合理使用提供理论依据，为新药筛选设计、水产品药物残留检测及环境毒物的监测创建新的理论与技术平台；③制定了针对水产动物的药物安全性评价技术和方法。

需要特别指出的是，在此阶段，渔业主管部门制定并颁布了一系列政策法规和技术标准：《食品动物禁用的兽药及其它化合物清单》（农业部193号公告），禁止氯霉素、孔雀石绿等29种药物使用，限制8种渔药作为动物促生长剂使用；《无公害食品 渔用药物使用准则》（NY 5071—2002）规定了呋喃类、喹乙醇等32种禁用渔药；一大批药物残留检测方法的标准（包括国家标准、行业标准和地方标准）被制定或修订，检测对象包括诺氟沙星等数十种药物；《兽药管理条例》（2004年）的颁布和实施推动了渔药规范使用和管理的进程，规范了生产企业用药制度；《水产品养殖质量安全管理规定》（2003年）和《中华人民共和国农产品质量安全法》（2006年）的颁布和实施完善了水产品质量管理体系，建立了渔药残留检测和监控体系，强调从"农场到餐桌"的药残全过程控制管理。

这些基础研究成果在当时的历史条件下有力地推动了水产养殖业的发展，取得了良好的社会效益和经济效益，在一定程度上提升了公众对水产品安全的信心，提高了我国水产品在国际市场上的公信力。

二、我国渔药风险评价及控制技术的现状（2011年至今）

在实施乡村振兴战略、推进水产养殖业转型升级、助力水产养殖提质增效减排的背景下，中央将食品安全、生态文明提升到前所未有的高度，环保督查力度不断加大，新颁布的《中华人民共和国水污染防治法》等一系列法律法规对于科学、合理评价和控制渔药潜在风险（毒性风险、残留风险、耐药性风险和生态风险等）提出了更高的要求。近年来，由于渔药引发的水产品质量安全事件成为社会发展转型、水产养殖生产转型过程中公众和媒体关注的热点。

1. 渔药代谢调节作用机理　为了从机制上揭示渔药代谢的规律，对于渔药代谢调节作用机理研究的重点集中在渔药受体（如GABA受体）和转运体（P糖蛋白）等方面。通过研究渔药作用受体、转运体与药物之间的作用，从而研究渔药代谢与消除的调控规律。

渔药GABA受体广泛分布于异育银鲫的脑、肝、肾、心、肠和性腺等组织中，且有组织特异性，其在脑组织中表达量最高。在分类地位上，异育银鲫GABA的A受体γ2亚基与斑马鱼亲缘关系最近，异育银鲫GABA的A受体α1亚单位与斑马鱼的GABA的A受体α1亚单位具有高度一致性。作为受体，GABA的表达受到药物的影响。杀虫剂阿维菌素（AVM）能提高$GABA_A R$的表达，且AVM对$GABA_A R$的表达具有一定程度的浓度依赖性。氟喹诺酮类抗菌药双氟沙星能显著降低GABA的A受体表达量，影响具有持久性。在此基础上，筛选得到与GABA的A受体γ2亚基代谢功能相关的7个相互作用蛋白，并撑握了其功能。

P糖蛋白（P-gp）作为一种跨膜糖蛋白，是一种典型的药物外排泵，具有介导药物外排的功能。尼罗罗非鱼肝脏、肾脏组织中P-gp的表达参与了恩诺沙星在其体内的代谢过程。壳聚糖能通过抑制草鱼肠道中P-gp的表达而提高诺氟沙星在鱼体内的相对生物利用度；P-gp的表达还与某些化合物（如异噻唑啉酮）对草鱼的毒性相关联，此外，温度升高可能会抑制P-gp的表达。

值得特别指出的是，近年来结合转录组测序等方法，筛选了水产动物体内参与渔用药物代谢的关键基因，分析了其调控的相关信号通路，为从本质上分析渔用药物代谢调控机理开拓了新的技术方法。利用转录组测序等方法，筛选了中华绒螯蟹、鳗鲡体内参与溴氰菊酯、恩诺沙星、亚甲基蓝等药物代谢的关键基因，分析了其相关作用的信号通路。

2. 渔药检测方法研究　利用高效液相色谱法建立了鱼类中氯硝柳胺/氯霉素/甲砜霉素/氟苯尼考/氟苯尼考胺、硫酸新霉素、阿维菌素、二硫氰基甲烷残留的测定方法；建立了对虾、河蟹、饲料及水环境中噁喹酸、磺胺嘧啶和甲氧苄啶、吡虫啉/二甲戊灵、拟除虫菊酯、双去甲氧基姜黄素/去甲氧基姜黄素/姜黄素的测定方法。此外，建立了利用微生物检测水产品中黏杆菌素残留的方法。

3. 渔药在水生动物体内代谢及残留消除　分析渔药在水生动物体内代谢及残留消除，可由此可绘制曲线，选取适当模型，获得一些重要参数，为制定和调整用药方案提供重要依据。

针对酰胺醇类抗生素、氟喹诺酮（恩诺沙星及其代谢物/盐酸沙拉沙星/诺氟沙星/噁喹酸）、磺胺、大蒜素及吡喹酮、盐酸氯苯胍、甲苯咪唑、溴氰菊酯等杀虫剂在水产养殖动物体内的吸收、分布、代谢和排泄过程进行了研究，获取了安全用药参数。

4. 渔用药物的耐药性及其风险控制

（1）耐药性状况　在我国主要水产养殖区针对主要渔用药物的耐药性状况开展了持续性的监测，获得了第一手数据资料。调查发现，我国渔用药物的耐药性呈现如下特点。

①水产动物病原菌广泛携带耐药基因的整合子，且多重耐药菌株普遍。如：广州市销售的水产品中副溶血弧菌和溶藻弧菌多重耐药（对万古霉素、克林霉素以及青霉素等）的情况突出。湖北洪湖水产养殖区耐药微生物占比分布规律为：湖水＞鱼塘水＞地下水，地下水中耐药微生物数量与磺胺浓度无显著相关性，而地表水中耐药细菌、耐药真菌数量与磺胺吡啶和磺胺二甲基嘧啶浓度呈显著正相关。江苏盐城地区嗜水气单胞菌对青霉素类和磺胺类药物表现出高耐药性，对四环素类及喹诺酮类药物中度敏感。分离自杂交鳢养殖场的 WL-23 细菌对大环内酯类、四环素类、氨基糖苷类、β-内酰胺类、氯霉素类、林可酰胺类、磺胺类和利福平等药物耐药，并携带大环内酯类 *mph*（A）、四环素类 *tet*（A）等耐药基因。

②来源于鱼、虾、龟鳖等水产动物的气单胞菌均对主要渔用药物的耐药率较高，且不同来源、不同地区的相同病原菌耐药性有一定的差异。黄颡鱼源嗜水气单胞菌对氟苯尼考具有耐药性且保持稳定；山东青岛地区的大菱鲆弧菌、迟钝爱德华氏菌、鳗弧菌、哈维氏弧菌、假交替单胞菌等 5 类细菌对青霉素类、头孢菌素类、大环内酯类、复方新诺明耐药率高于 50%，4.1% 的菌株对 10 种以上的抗菌药物有多重耐药性；Ⅰ型整合子分布于广东地区猪-鱼复合养殖模式下不同来源的气单胞菌中，并介导细菌对多种抗菌药物产生耐药性。药物筛选压力下，菌株耐药性随着传代次数增多而表现出递增的趋势，不同大类抗生素压力下筛选出来的嗜水气单胞菌耐药菌株表现出不同的交叉耐药性。

③复合水产养殖环境有可能有利于耐药菌从畜禽向水产养殖环境转移。养殖水域中抗生素抗性基因（AGRs）能随着水体流动而转移，AGRs 的转移和突变致使养殖环境中耐药性风险增大。淡水鱼已成为 ARGs 的重要储存库，抗生素的使用可能不仅仅诱导该种类的抗性基因，还可能诱导其他类 ARGs 的产生。

值得注意的是，水产用微生态制剂被大量检出存在耐药菌株，检出率高达 46% 以上，且 95% 以上菌株同时携带两种及两种以上可移动遗传元件。

（2）耐药性机理　　重点以嗜水气单胞菌为研究对象，分析了渔用药物耐药性的产生机制。嗜水气单胞菌对氟喹诺酮类耐药存在靶基因位点突变及主动外排等多种耐药机制。转录组测序发现嗜水气单胞菌对恩诺沙星耐药性的产生主要是通过影响多种生理功能〔如 ABC（ATP 结合盒式蛋白）转运蛋白、DNA 损伤修复、SOS 反应等〕，其耐药机制可能与控制细胞内药物蓄积的 ABC 转运蛋白的增加和拓扑异构酶Ⅳ减少密切相关。复合Ⅰ型整合子在水产养殖环境中并不少见，且存在于多种细菌中，但其基因阵列结构缺乏多样性。

（3）耐药性控制技术　　羰基氰氯苯腙被验证可以作为有效治疗酰胺醇类药物耐药弧菌的外排泵抑制剂。连翘等中草药被证实能够显著延缓嗜水气单胞菌对恩诺沙星的耐药性产生；利用转录组学方法测试了连翘作用于嗜水气单胞菌的关键基因及其相关信号通路，此结果为细菌耐药性的防控提供了新思路。

（4）渔药的环境归趋及生态风险　阿维菌素在水体中消解较快，随后由水体向底泥、伊乐藻和水产动物迁移，其富集浓度由高到低依次为：鲫＞伊乐藻＞中华绒螯蟹＞底泥。孔雀石绿在养殖环境底泥中的存在以隐性孔雀石绿为主，而水体中几乎不存在隐性孔雀石绿。泼洒呋喃西林后，斑点叉尾鮰体内氨基脲含量与水环境密切相关，但鱼体中呋喃西林并未出现明显富集。

5. 绿色、新型渔药药物制剂的创制

（1）孔雀石绿替代药物制剂的创制　孔雀石绿由于具有"三致"（致畸、致癌、致突变）作用而被禁止在水产养殖中使用。孔雀石绿列为禁用药物后，鱼类水霉病——一种真菌性疾病的防治成为技术真空。孔雀石绿屡禁不止，成为政府和公众最为关注的"三鱼两药"问题的"主角"之一。近十几年来，水产品质量安全问题频繁触碰着公众脆弱的神经。

近十年来，我国渔药研究团队持续聚焦孔雀石绿替代药物的研制工作：①系统地查清了我国水霉病的流行病学规律，建立了水霉种质资源库。②建立了水霉病疾病模型和高通量抗水霉活性物质筛选模型。③在分析甲霜灵活性成分的基础上确定了复方制剂组合，此后进行了用法用量、药效、急性毒性、慢性毒性、生殖毒性、安全毒性、生态毒性、残留标识物、残留检测标准、代谢动力学、残留消除规律、休药期、残留限量、稳定性、生产工艺、质量标准等16项药理和药剂学实验。④建立了甲霜灵检测方法及标准，最低检出限可达 $20\mu g/kg$，定量限可达 $30\mu g/kg$，在 $30\sim100\mu g/kg$ 添加浓度范围内回收率可达 $68.4\%\sim78.9\%$；批内、批间相对标准偏差均$\leqslant15\%$，其方法能可靠地应用于复方甲霜灵粉的检测。⑤合成了 N-（2,6-二甲苯基）-N-（羟乙酰基）丙氨酸（Me1）等 4种甲霜灵的主要代谢物；残留试验确认甲霜灵在鱼体内的残留标识物为其原型药。通过最大无作用剂量（NOEL）和每日允许摄入量

（ADI）的推算，确定甲霜灵在水产品中的最大残留限量（MRL）为 0.05mg/kg。通过分析甲霜灵在草鱼组织中的残留消除规律和分布特征，确定其休药期为 240℃·d。⑥确定了复方甲霜灵粉的组方，包括甲霜灵（45％）、硫酸亚铁（25％）、硫酸钠（20％）和滑石粉（10％）；确定了制备工艺参数与关键控制时间点参数；制定了质量标准，包括形状、鉴别、有关物质和水分的检查，含量测定、作用与用途、用法与用量、注意事项、休药期、规格及有效期等。⑦复方甲霜灵粉使用方法主要有浸浴和泼洒两种方式。20mg/L 复方甲霜灵粉可完全抑制水霉菌丝和孢子，对草鱼、鲫水霉病预防和治疗的平均保护率分别可达 70％和 60％。

2012 年，孔雀石绿替代药物制剂核心专利技术转让给长沙拜特生物科技研究所有限公司，并申请完成临床试验。复方甲霜灵粉（美婷）在全国 30 余个省、自治区和直辖市进行了生产性应用与示范，累积受试面积达 53 万 hm²。受试对象涵盖我国主要大宗淡水鱼类（青鱼、草鱼、鲢、鳙、鲤、鲫、鳊、鲂）、主要出口鱼类（鳗等）和某些特种养殖鱼类（胭脂鱼、金鱼）等数十种。其中，2014—2018 年间，仅上海、湖南、江苏、浙江等 11 个省份受试面积就达 4.5 万 hm²，创造直接经济效益 4.16 亿元，取得了显著的社会、生态和经济效益。

2017 年，复方甲霜灵粉获得中华人民共和国新兽药注册证书 1 项【（2017）新兽药证书 18 号】，这是目前国内唯一一种申报成功的化学类渔用新兽药。

（2）新型中草药、免疫增强剂及微生态制剂的创制

①促进水产动物生长、提高免疫机能的中草药。合理选择中草药添加到鱼类的饲料或药物中，可以调节水产动物的生理生化指标，促进机体代谢和生长。中草药能改善水产养殖动物品质。中草药芽孢杆菌制剂可改善凡纳滨对虾的生长指标、养殖水体环境，并能改善对虾肠道菌群结构从而增加其抗病力。

中草药可以作为抗生素替代品之一，水产动物体内的肠道菌群对中草药有效成分的分解代谢转化、吸收利用有着重要作用。复方

中草药制剂有利于增加杂交鳢肌肉的总游离氨基酸量和鲜味氨基酸质量分数，降低滴水损失率，减小肌纤维直径，提高杂交鳢的肌肉品质。黄芪多糖能显著提高中华鳖血清免疫酶活性。姜黄素能提高大黄鱼肝脏、前肠中的酸性磷酸酶活力及鳃、胃、肌肉、肝脏中的碱性磷酸酶活力。

②防治水产动物细菌性疾病的中草药。大黄和公丁香对哈氏弧菌具有较强的体外抑制作用，其中大黄的作用比公丁香更强。合理运用中药的配伍，不仅可提高抗菌疗效，而且可大大减少药物在环境中的残留量。中草药配合氟苯尼考使用，可提高药效，还可减少药物对环境的污染并减缓耐药性问题。针对嗜水气单胞菌、黏质沙雷氏菌等水产病原菌，筛选、开发出乌梅、地榆等新型中草药制剂。

③防治水产动物寄生虫疾病的中草药。灰色链霉菌 SDX-4 株的代谢产物在体外、体内具有较强的抗小瓜虫活性的能力，且对鱼体相对安全，可作为潜在的新型杀虫药物。

三、我国渔药风险评价及控制技术的发展趋势及建议

1. 渔药风险评价控制技术的发展趋势　在水产养殖业转型升级、提质增效减排的大背景下，我国渔用药物的发展在未来一段时间内将出现如下趋势和特点。

（1）经过多年的发展，国标渔用药物及禁用药物的管理十分严格，风险总体可控；但非国标渔用药物由于历史及技术等原因，安全隐患严重。由于非国标渔用药物生产准入门槛低，使用量远远超过国标渔药，其潜在的安全风险不容轻视。

（2）养殖环节渔用药物使用风险逐步降低，但鲜活储运等环节药物的潜在风险日益升高。鲜活运输是水产品的特点之一，该环节中包括重金属、麻醉剂等在内的药物潜在风险未被充分认识。

（3）在"绿水青山就是金山银山"的理念下，渔用药物的耐药性及环境风险的传播日益受到重视，但由于基础数据和基础理论的

缺失，远远不能满足水产养殖业转型发展的需要。

（4）市场对于绿色渔药、疫苗、中草药及新型微生态制剂的需求日益巨大，但该领域基础研究匮乏，基础理论不深、技术积累不足，特别是国家在新兽药申报日益严格的背景下，该领域的新技术和新产品在很长时间内无法满足水产养殖业转型发展的需要，其中抗生素的减量及部分替代就是最为明显的案例。

（5）"一带一路"建设对于渔用药物及其相关标准的制定的前瞻性和国际化提出了更高的要求。渔用药物残留限量、禁用清单的技术标准等对于我国水产养殖业在"一带一路"沿线国家发挥引领作用和把握贸易主动权至关重要。

2. 对渔药风险评价及控制技术未来发展的建议

（1）针对产业发展特点，加强渔药的药效学、毒理学基础研究；建立专业化的风险评估实验室，持续聚焦开展前瞻性研究。

（2）鼓励新型绿色渔药、疫苗、中草药及微生态制剂的研发和创制，针对主要风险点提前做好中长期规划，建议重点针对抗菌药物的部分替代及其减量使用难题，持续稳定地发展绿色、高效微生态制剂研究及产业示范。

（3）重点针对非国标渔用药物开展风险评估，包括苗种、储运等重点环节；对于现有的非国标渔用药物开展系统的风险评估，制定非国标渔用药物标准体系建设（包括质量标准、检测方法标准、使用技术标准、产品研发标准等），建议针对重点品种、重点环节开展渔用药物的安全性评价，淘汰高风险生产方式和落后产能，推动产业升级。

（4）重点评价渔用药物随尾排水对水域环境的安全性隐患，为适应新形势下产业对于渔用药物管理的新要求提供参考依据。

（5）适时修订相关出口水产品中的渔用药物残留限量、禁用清单等技术标准，为我国水产养殖业在"一带一路"沿线国家发挥引领作用和把握贸易主动权提供依据。

第二节 我国政府对渔药风险
的控制与管理

一、渔药风险控制的标志性事件——水产品药物残留专项整治计划

2002 年是我国政府系统开展渔药风险控制的元年。2002 年 8 月，由农业部、国家质量监督检验检疫总局联合牵头组织实施了"水产品药物残留专项整治计划"（以下简称"计划"）。"计划"是在当时在我国水产品对外出口贸易受到对虾"氯霉素事件"的影响而备受打击的背景下实施的，具有特殊的意义：①这是我国政府针对水产品药物残留状况开展的有史以来最大规模的整治行动，表明了我国政府对保障水产品质量安全的态度和决心。②专项整治的实施极大提升了公众对水产品质量安全的信心，提高了我国水产品在国际市场上的公信力。③专项整治的实施加快了我国水产品药物残留检测技术研究的步伐，一批与国际技术标准相适应的技术标准、规范被制定并颁布，一批快速、灵敏、简便的水产品药物残留检测新技术得到广泛推广和应用。④专项整治的实施加速了我国水产品药物残留监控技术网络的建立和健全，由养殖企业、技术推广部门、质量监督部门组成的水产品药物残留监控网络初步形成，并运转良好；逐步实现了养殖过程中对药物残留的全程监控。⑤专项整治的实施培养和锻炼了一批专业的水产品药物残留检测技术力量，成为保障水产品质量安全的中坚力量。

1. 开展药残专项整治的背景——"氯霉素事件" 2001 年 4 月，德国雷斯蒂克（RISTIC）公司接到报告：有奥地利消费者食用该公司生产的冷冻虾仁引起过敏反应。虾仁的产地为中国浙江舟山。药物残留检测结果显示：该批次产品中氯霉素残留，残留量达到 0.2~5ng/mL，而欧盟当时对氯霉素的限量标准为"不得检出"（最低检测限为 1ng/mL）。

随后，欧盟不断查出我国出口冻虾被污染的案例，累计已达55批。同时其他国家又相继查出我国福建省出口的鳗鲡、江苏省出口的淡水小龙虾也存在氯霉素或其他药物残留。

2002年，欧盟官方在布鲁塞尔发布欧盟委员会决议（2002/69/EC号）：全面禁止从中国进口供人类消费或用作动物饲料的动物源性产品。该决议实施之日起，从我国出口到欧盟已经到达港口的超过6 000t兔肉、鸭肉和鱼虾等生肉源产品被就地销毁，产品价值约为1 500万美元。欧盟的禁运决议，使我国失掉了欧盟这一第四大水产品出口市场。我国每年损失掉13万t的水产品市场份额，经济损失高达6亿多美元。同时，美国、日本等国也开始高度关注我国出口水产品的质量，并采取了类似的措施。

除了经济损失的因素以外，该事件更是对我国所有外贸商品信誉和形象的一次严峻考验。"氯霉素事件"引起了党中央、国务院的高度重视。外交部、农业部等部委多次召开联合会议，组织调查，采取紧急措施应对此事。

"氯霉素事件"集中暴露了我国在渔药风险方面的问题。①大量渔药的残留限量、休药期、给药剂量及用药规范等方面资料比较缺乏，渔药使用盲目性很大。②渔药的滥用现象普遍：不遵守休药期规定，用药剂量、次数、给药途径随意，不遵守配伍禁忌，无用药记录等。③禁用药物缺乏高效、安全、经济的替代制剂。④渔药残留检测技术手段较落后。

"计划"就是在我国水产养殖业高速发展而遭受"氯霉素事件"打击的背景条件下颁布并实施的。"氯霉素事件"虽然具有一定的偶然性，但"计划"的实施是党和政府针对渔药风险控制和水产品质量安全作出的部署，是打破国外对我国水产品设立技术壁垒的有力举措，具有必然性，打响了我国政府系统开展渔药风险控制的序幕。

2. 开展药残专项整治的过程　按照《全面推进"无公害食品行动计划"的实施意见》和《食品动物禁用的兽药及其它化合物清单》等文件的要求，在全国范围内，重点针对渔药饲料及饲料添加剂的生产经营和使用企业、出口水产品原料供货基地和出口加工企业进行了自查整改和监督检查。

"计划"重点对出口水产品的主要地区、渔药的主要产地和禁用药物的生产、经营、使用开展了整治。整治的主要内容包括：①禁用药物的违法生产、经营和销售；成分不清的渔药及其标签内容的清理。②规范养殖、捕捞生产行为，特别是规范用药记录和逐步建立渔药用药处方制度。③完善水产品加工企业的质量管理制度，加强原材料监控，严格规范加工过程中的生产行为。

3. 药物残留专项整治后的初步成效 "计划"的实施是我国政府对水产品药物残留进行监控的重要举措，开创了我国水产品药物残留监控的新局面。

（1）制定并颁布了一系列政策法规和技术标准　规定了孔雀石绿、呋喃类、喹乙醇等 32 种禁用渔药，一大批药物残留检测方法的标准（包括国家标准、行业标准和地方标准）被制定或修订，《兽药管理条例》（2004 年）、《水产养殖质量安全管理规定》（2003年）和《中华人民共和国农产品质量安全法》（2006 年）等一系列法律法规被颁布和实施，完善了水产品质量管理体系。

（2）加强渔药风险评价和控制的基础理论研究　主要包括系统开展药物残留监控研究、开展药物代谢动力学等领域研究、聚焦禁用药物替代制剂和快速检测技术研究、开展以生物防治逐步替代药物防治研究等。

二、我国渔药管理的相关法律法规构成体系

为了保证水产养殖业健康发展和公共卫生安全，我国政府制定和颁布了一系列渔药管理的法律、法规，对渔药的审批、生产、经营、使用、管理等相关活动做出规定，把渔药管理纳入法治轨道，确保渔药的质量和安全始终可控。

1. 法律　目前，渔药管理涉及的法律包括《中华人民共和国渔业法》《中华人民共和国农产品质量安全法》《中华人民共和国食

品安全法》《中华人民共和国动物防疫法》《中华人民共和国标准化法》《中华人民共和国产品质量法》《中华人民共和国广告法》等，为渔药管理做到有法可依提供了规范性法律文件。例如，《中华人民共和国渔业法》第二十条规定，从事养殖生产应当合理使用药物，不得造成水域的环境污染；依据《中华人民共和国农产品质量安全法》第二十一条规定，国务院农业行政主管部门和省、自治区、直辖市人民政府农业行政主管部门应当定期对可能危及水产品质量安全的兽药进行监督抽查，并公布抽查结果。对可能影响水产品质量安全的兽药，依照有关法律、行政法规的规定实行许可制度。

2. 法规　渔药管理法规是水产品质量安全监管法制体系的重要组成部分，分为行政法规和地方性法规。行政法规的制定主体是国务院，根据宪法和法律的授权制定，需要国务院总理签署国务院令，具有法的效力。

行政法规一般称为"条例""办法""规定"，它的效力次于法律、高于部门规章和地方性法规。例如，《兽药管理条例》《兽药生产质量管理规范》《国务院关于加强食品等产品安全监督管理的特别规定》等，都属于国务院制定颁布的渔药管理的相关行政法规。地方性法规的制定主体包括两大类：一是省、自治区、直辖市的人民代表大会及其常务委员会，二是设区的市人大及其常委会。大部分地方性法规以"条例"命名，少数以"办法""规定""实施办法"等命名。例如，《广东省水产品质量安全条例》作为地方性法规，对渔药管理进行了规定。

3. 规章　规章是行政性法律规范文件，是法律法规的补充形式，主要指国务院组成部门及直属机构，省、自治区、直辖市人民政府及省、自治区政府所在地的市和设区市的人民政府，在它们的职权范围内，为执行法律、法规，需要制定的事项或属于本行政区域的具体行政管理事项而制定的规范性文件。规章主要分为国务院部门规章和地方政府规章，其名称一般称为"规定""办法""实施细则"，但不得称为"条例"。例如，《新兽药研制管理办法》《兽药

注册办法》《兽药产品批准文号管理办法》《兽药生产质量管理规范检查验收办法》《兽用处方药和非处方药管理办法》《水产养殖质量安全管理规定》等，都属于渔药管理的相关部门规章；《辽宁省水产品质量安全管理办法》《山西省水产品质量安全管理办法》等，都属于渔药管理相关的地方规章。

4. 其他规范性文件 在我国渔药管理法律法规体系的构成中，除了法律、法规、规章外，还有公告、国家或行业标准。公告是国务院组成部门及直属机构向国内外发布重要事项和法定事项的公文。例如，《水产养殖用抗菌药物药效试验技术指导原则》（农业部公告第 2017 号）、《兽药标签和说明书编写细则》（农业部公告第 242 号）、《兽用疫苗生产企业生物安全三级防护标准》（农业部公告第 2573 号）、《动物性食品中兽药最高残留限量》（农业部公告第 235 号）、《动物源性食品中兽药残留检测方法目录》（农业部公告第 236 号）。标准是农业、工业、服务业以及社会事业等领域需要统一的技术要求，包括国家标准、行业标准、地方标准和团体标准、企业标准。国家标准分为强制性标准、推荐性标准。强制性国家标准由国务院批准发布或者授权批准发布，如 GB 29682—2013《食品安全国家标准 水产品中青霉素类药物多残留的测定 高效液相色谱法》；推荐性国家标准、行业标准是推荐性标准，如 GB/T 27623.1—2011《渔用抗菌药物药效试验技术规范 第 1 部分 常量肉汤稀释法药物敏感性试验》，GB/T 27623.2—2011《渔用抗菌药物药效试验技术规范 第 2 部分：人工感染防治试验》，GB/T 22338—2008《动物源性食品中氯霉素类药物残留量测定》，GB/T 21316—2007《动物源性食品中磺胺类药物残留量的测定 液相色谱-质谱/质谱法》，GB/T 21311—2007《动物源性食品中硝基呋喃类药物代谢物残留量检测方法 高效液相色谱/串联质谱法》，但一旦被纳入指令性文件，其将具有相应的行政约束力。

三、我国法律法规对渔药风险的控制管理

1. 新渔药研制 农业农村部负责全国新渔药研制管理工作；

省级人民政府兽医行政管理部门负责对其他新渔药临床试验审批；县级以上地方人民政府兽医行政管理部门负责本辖区新渔药研制活动的监督管理工作。

研制新渔药，应当具有与研制相适应的场所、仪器设备、专业技术人员、安全管理规范和措施。研制新渔药，应当在临床试验前向省、自治区、直辖市人民政府兽医行政管理部门提出申请，并附具该新渔药实验室阶段安全性评价报告及其他临床前研究资料。

（1）新渔药临床前研究包括药学、药理学和毒理学研究，具体研究项目如下。①生物制品（包括疫苗、血清制品、诊断制品、微生态制品等）：菌毒种、细胞株、生物组织等起始材料的系统鉴定、保存条件、遗传稳定性、实验室安全和效力试验及免疫学研究等；②其他渔药（化学药品、抗生素、消毒剂、生化药品、放射性药品、外用杀虫剂）：生产工艺、结构确证、理化性质及纯度，剂型选择、处方筛选，检验方法、质量指标，稳定性，药理学、毒理学等；③中药制剂（中药材、中成药）：除具备其他渔药的研究项目外，还应当包括原药材的来源、加工及炮制等。

（2）新渔药的安全性评价系指在临床前研究阶段，通过毒理学研究等对一类新化学药品和抗生素对靶动物和人的健康影响进行风险评估的过程，包括急性毒性、亚慢性毒性、致突变、生殖毒性（含致畸）、慢性毒性（含致癌）试验以及用于食用水产动物时日允许摄入量（ADI）和最高残留限量（MRL）的确定。

承担新渔药安全性评价的单位应当具有农业农村部认定的资格，执行《兽药非临床研究质量管理规范》，并参照农业农村部发布的有关技术指导原则进行试验。采用指导原则以外的其他方法和技术进行试验的，应当提交能证明其科学性的资料。

（3）研制新渔药需要使用一类病原微生物的，应当按照《病原微生物实验室生物安全管理条例》和《高致病性动物病原微生物实验室生物安全管理审批办法》等有关规定，在实验室阶段前取得实验活动批准文件，并在取得高致病性动物病原微生物实验室资格证书的实验室进行试验。申请使用一类病原微生物时，除提交《高致病性动物病原微生物实验室生物安全管理审批办法》要求的申请资料外，还应当提交研制单位基本情况、研究目的和方案、生物安全防范措施等书面资料。必要时，农业农村部指定参考试验室对病原微生物菌（毒）种进行风险评估和适用性评价。

（4）临床前药理学与毒理学研究所用化学药品、抗生素，应当经过结构确证确认为所需要的化合物，并经质量检验符合拟定质量标准。

研制用于食用水产动物的新渔药，还应当按照国务院兽医行政管理部门的规定进行渔药残留试验并提供休药期、最高残留限量标准、残留检测方法及其制定依据等资料。

2. 新渔药注册 农业农村部兽药审评委员会负责新兽药和进口兽药注册资料的评审工作。中国兽医药品监察所和农业农村部指定的其他兽药检验机构承担兽药注册的复核检验工作。

新渔药注册申请人应当在完成临床试验后，向农业农村部提出申请，并按《兽药注册资料要求》提交相关资料。联合研制的新渔药，可以由其中一个单位申请注册或联合申请注册，但不得重复申请注册；联合申请注册的，应当共同署名作为该新渔药的申请人。

申报资料含有境外渔药试验研究资料的，应当附具境外研究机构提供的资料项目、页码情况说明和该机构经公证的合法登记证明文件。

农业农村部自收到申请之日起 10 个工作日内，将决定受理的新渔药注册申请资料送农业农村部兽药审评委员会进行技术评审，并通知申请人提交复核检验所需的连续 3 个生产批号的样品和有关资料，送指定的兽药检验机构进行复核检验。农业农村部兽药审评委员会应当自收到资料之日起 120 个工作日内提出评审意见，报送农业农村部。评审中需要补充资料的，申请人应当自收到通知之日起 6 个月内补齐有关数据；逾期未补正的，视为自动撤回注册申请。

农业农村部兽药检验机构应当在规定时间内完成复核检验，并将检验报告书和复核意见送达申请人，同时报农业农村部和农业农村部兽药审评委员会。初次样品检验不合格的，申请人可以再送样复核检验一次。农业农村部自收到技术评审和复核检验结论之日起60个工作日内完成审查；必要时，可派员进行现场核查。审查合格的，发给新兽药注册证书，并予以公告，同时发布该新兽药的标准、标签和说明书。不合格的，书面通知申请人。

3. 渔药生产　从事渔药生产的企业，应当符合国家兽药行业发展规划和产业政策，并具备下列条件：①与所生产的渔药相适应的兽医学、药学或者相关专业的技术人员；②与所生产的渔药相适应的厂房、设施；③与所生产的渔药相适应的兽药质量管理和质量检验的机构、人员、仪器设备；④符合安全、卫生要求的生产环境；⑤兽药生产质量管理规范规定的其他生产条件。

兽药生产许可证应当载明生产范围、生产地点、有效期和法定代表人姓名、住址等事项。兽药生产许可证有效期为5年。有效期届满，需要继续生产渔药的，应当在许可证有效期届满前6个月到发证机关申请换发兽药生产许可证。

渔药生产企业生产渔药，应当取得国务院兽医行政管理部门核发的产品批准文号，产品批准文号的有效期为5年。

渔药生产企业应当按照兽药国家标准和国务院兽医行政管理部门批准的生产工艺进行生产。渔药生产企业改变影响渔药质量的生产工艺前，应当报原批准部门审核批准。渔药生产企业应当建立生产记录，生产记录应当完整、准确。

渔药生产企业生产的每批水产用生物制品，在出厂前应当由国务院兽医行政管理部门指定的检验机构审查核对，并在必要时进行抽查检验；未经审查核对或者抽查检验不合格的，不得销售。强制免疫所需水产用生物制品，由国务院兽医行政管理部门指定的企业生产。

渔药包装应当按照规定印有或者贴有标签，附具说明书，并在显著位置注明"兽用"字样。

渔药的标签和说明书经国务院兽医行政管理部门批准并公布

后，方可使用。渔药的标签或者说明书，应当以中文注明渔药的通用名称、成分及其含量、规格、生产企业、产品批准文号（进口兽药注册证号）、产品批号、生产日期、有效期、适应证或者功能主治、用法、用量、休药期、禁忌、不良反应、注意事项、运输贮存保管条件及其他应当说明的内容。有商品名称的，还应当注明商品名称。

除前款规定的内容外，水产用处方药的标签或者说明书还应当印有国务院兽医行政管理部门规定的警示内容，其中水产用麻醉药品、精神药品、毒性药品和放射性药品还应当印有国务院兽医行政管理部门规定的特殊标志；水产用非处方药的标签或者说明书还应当印有国务院兽医行政管理部门规定的非处方药标志。

国务院兽医行政管理部门，根据保证水产动物产品质量安全和人体健康的需要，可以对新渔药设立不超过 5 年的监测期；在监测期内，不得批准其他企业生产或者进口该新渔药。生产企业应当在监测期内收集该新渔药的疗效、不良反应等资料，并及时报送国务院兽医行政管理部门。

4. 渔药经营　经营渔药的企业，应当具备下列条件：①与所经营的渔药相适应的渔药技术人员；②与所经营的渔药相适应的营业场所、设备、仓库设施；③与所经营的渔药相适应的质量管理机构或者人员；④兽药经营质量管理规范规定的其他经营条件。

兽药经营许可证应当载明经营范围、经营地点、有效期和法定代表人姓名、住址等事项。兽药经营许可证有效期为 5 年。有效期届满，需要继续经营渔药的，应当在许可证有效期届满前 6 个月到发证机关申请换发兽药经营许可证。

渔药经营企业变更经营范围、经营地点的，应当依照前款规定申请换发兽药经营许可证；变更企业名称、法定代表人的，应当在办理工商变更登记手续后 15 个工作日内，到发证机关申请换发兽药经营许可证。

渔药经营企业，应当遵守国务院兽医行政管理部门制定的兽药经营质量管理规范。县级以上地方人民政府兽医行政管理部门，应当对兽药经营企业是否符合兽药经营质量管理规范的要求进行监督检查，并公布检查结果。

渔药经营企业购进渔药，应当将渔药产品与产品标签或者说明书、产品质量合格证核对无误。渔药经营企业，应当向购买者说明渔药的功能主治、用法、用量和注意事项。销售水产用处方药的，应当遵守兽用处方药管理办法。禁止渔药经营企业经营人用药品和假、劣渔药。

渔药经营企业购销渔药，应当建立购销记录。购销记录应当载明渔药的商品名称、通用名称、剂型、规格、批号、有效期、生产厂商、购销单位、购销数量、购销日期和国务院兽医行政管理部门规定的其他事项。强制免疫所需水产用生物制品的经营，应当符合国务院兽医行政管理部门的规定。

5. 渔药使用　渔药使用单位，应当遵守国务院兽医行政管理部门制定的兽药安全使用规定，并建立用药记录。

禁止使用假、劣渔药以及国务院兽医行政管理部门规定禁止使用的药品和其他化合物。有休药期规定的渔药用于食用水产动物时，养殖者应当向购买者提供准确、真实的用药记录；购买者应当确保水产动物及其产品在用药期、休药期内不被用于食品消费。禁止在饲料中添加激素类药品和国务院兽医行政管理部门规定的其他禁用药品。经批准可以在饲料中添加的渔药，应当由渔药生产企业制成药物饲料添加剂后方可添加。禁止将原料药直接添加到饲料中或者直接饲喂水产动物。禁止将人用药品用于水产动物。

国务院兽医行政管理部门，应当制定并组织实施国家水产动物及水产动物产品兽药残留监控计划。县级以上人民政府兽医行政管理部门，负责组织对水产动物产品中渔药残留量的检测。渔药残留检测结果，由国务院兽医行政管理部门或者省、自治区、直辖市人民政府兽医行政管理部门按照权限予以公布。

禁止销售含有违禁药物或者渔药残留量超过标准的食用水产动物产品。

6. 渔药监督 县级以上人民政府兽医行政管理部门渔药监督管理权。渔药检验工作由国务院兽医行政管理部门和省、自治区、直辖市人民政府兽医行政管理部门设立的兽药检验机构承担。国务院兽医行政管理部门，可以根据需要认定其他检验机构承担渔药检验工作。

渔药应当符合渔药国家标准。国家兽药典委员会拟定的、国务院兽医行政管理部门发布的《中华人民共和国兽药典》和国务院兽医行政管理部门发布的其他兽药质量标准为渔药国家标准。

渔药国家标准的标准品和对照品的标定工作由国务院兽医行政管理部门设立的兽药检验机构负责。

有下列情形之一的，为假渔药：①以非渔药冒充渔药或者以他种渔药冒充此种渔药的；②渔药所含成分的种类、名称与渔药国家标准不符合的。

有下列情形之一的，按照假渔药处理：①国务院兽医行政管理部门规定禁止使用的；②依照《兽药管理条例》规定应当经审查批准而未经审查批准即生产、进口的，或者依照本条例规定应当经抽查检验、审查核对而未经抽查检验、审查核对即销售、进口的；③变质的；④被污染的；⑤所标明的适应证或者功能主治超出规定范围的。

有下列情形之一的，为劣渔药：①成分含量不符合渔药国家标准或者不标明有效成分的；②不标明或者更改有效期或者超过有效期的；③不标明或者更改产品批号的；④其他不符合渔药国家标准，但不属于假渔药的。

禁止将兽用原料药拆零销售或者销售给渔药生产企业以外的单位和个人。禁止未经兽医开具处方销售、购买、使用国务院兽医行政管理部门规定实行处方药管理的渔药。

渔药生产企业、经营企业、渔药使用单位和开具处方的兽医人员发现可能与渔药使用有关的严重不良反应，应当立即向所在地人民政府兽医行政管理部门报告。

禁止买卖、出租、出借兽药生产许可证、兽药经营许可证和兽药批准证明文件。

各级兽医行政管理部门、渔药检验机构及其工作人员，不得参与渔药生产、经营活动，不得以其名义推荐或者监制、监销渔药。

水产养殖中的兽药使用、兽药残留检测和监督管理以及水产养殖过程中违法用药的行政处罚，由县级以上人民政府渔业主管部门及其所属的渔政监督管理机构负责。

第五章　我国批准使用的渔药及其安全使用

第一节　抗菌药物

抗菌药是指对水产动物病原菌（主要包括细菌、真菌等）具有抑制或杀灭作用，用于治疗水产动物细菌性疾病和真菌疾病的药物。抗菌药物使用是治疗水产动物细菌性感染、真菌性感染最主要的手段。

一、分类

根据其来源不同，抗菌药物包括抗生素和合成抗菌药。

1. 抗生素　指由生物体（包括细菌、真菌、放线菌、动物、植物等）在生命活动过程中产生的一种次生代谢产物或其人工衍生物，它们能在极低浓度时抑制或影响其他生物的生命活动，是一种最重要的化学治疗剂。抗生素的种类很多，其作用机制和抑菌谱各异。自青霉素被发现以来，人类已经寻找到9 000多种抗生素，合成70 000多种半合成抗生素，但到目前为止，农业农村部批准生产和使用的水产养殖用抗生素仅有四种。按化学结构性质的差异，可将水产养殖用抗生素分为氨基糖苷类、四环素类、酰胺醇类等。

2. 合成抗菌药　合成的抗菌药物主要包括磺胺类药物、喹诺酮类药物等。

（1）磺胺类药物　指具有对氨基苯磺酰胺结构的一类药物。磺胺类药物通过干扰细菌的酶系统对氨基苯甲酸（para-amino benzoic，PABA）的利用而发挥抑菌作用，PABA是细菌生长必需物质叶酸的组成部分。自20世纪30年代证明了磺胺类药物的基本结构后，人类相继合成了各种磺胺类药物，特别是甲氧苄啶和二甲氧苄啶等抗菌增效剂的发现，使磺胺类药物的应用更为普遍。由于抗菌谱广、价格低廉，目前磺胺类药物仍是包括水产在内的养殖业中最常用的抗菌剂之一。

（2）喹诺酮类药物　指人工合成的含有 4-喹酮母核的一类抗菌药物，其通过抑制细菌 DNA 螺旋酶（拓扑异构酶Ⅱ）而达到抑菌的效果。由于具有抗菌谱广、抗菌活性强、给药方便、与常用抗菌药物无交叉耐药性等特点，喹诺酮类药物是水产动物病害防治中使用最广泛的药物。其中恩诺沙星是目前应用最广的一种畜禽和水产专用的喹诺酮类抗菌药物。

（3）其他　如抗真菌药物甲霜灵是由 2，6-二甲基苯胺与 2-溴丙酸甲酯反应，制得中间体——DL-N-（2，6-二甲基苯基）-α-氨基丙酸甲酯，再进行酰化反应合成制得。甲霜灵是目前唯一允许使用的水产专用抗真菌药物。

二、作用机理

抗菌药物主要是影响病原菌的结构和干扰其代谢过程而产生抗菌作用。其作用机理一般可分为以下几种类型。

1. 抑制细胞壁合成　大多数病原菌细胞的细胞膜外有一层坚韧的细胞壁，主要由黏肽组成，具有维持细胞形状及保持菌体内渗透压的功能。细胞壁黏肽的合成分为胞浆内、胞浆膜与胞浆外三个环节。在胞浆内合成黏肽的前体物质——乙酰胞壁酸五肽，磷霉素、环丝氨酸作用于该环节，阻碍了乙酰胞壁酸五肽的合成。在胞浆膜合成黏附单体——直链十肽，万古霉素、杆菌肽作用于该环节。在胞浆外，在转肽酶的作用下，将黏肽单体交叉联结，头孢菌素等作用于该环节。

2. 增加细胞膜的通透性　细胞膜是维持渗透压的屏障。多肽类抗生素（多黏菌素 B 和黏菌素）及多烯类抗生素（制霉菌素、两性霉素 B）能增加细菌细胞膜通透性，导致其细胞质内核酸、钾离子等重要成分渗出，引发细胞凋亡，从而达到抑菌的目的。

3. 抑制生命物质的合成

（1）影响核酸的合成　如利福平能特异性地抑制细菌的依赖 DNA 的 RNA 多聚酶，阻碍 mRNA 的合成。喹诺酮类药物通过作用于 DNA 螺旋酶，抑制敏感菌的 DNA 复制和 mRNA 的转录。甲霜灵能特异性抑制水霉的 RNA 聚合酶 I 的活性，从而达到抑制水霉的目的。

（2）影响叶酸代谢　如磺胺类药物和甲氧苄啶分别抑制二氢叶酸合成酶和二氢叶酸还原酶，导致四氢叶酸缺乏，从而抑制细菌的繁殖。

（3）抑制蛋白质合成　四环素类药物和氨基糖苷类药物的作用靶点在 30S 亚单位，大环内酯类药物作用于 50S 亚单位。抑制蛋白质合成的药物分别作用于蛋白质合成的三个阶段：①起始阶段，氨基糖苷类药物抑制始动复合物的形成；②肽链延伸阶段，四环素类药物阻止活化氨基酸和 tRNA 的复合物与 30S 上的 A 位点结合，林可霉素抑制肽酰基转移酶，大环内酯类药物抑制移位酶；③终止阶段，氨基糖苷类药物阻止终止因子与 A 位点的结合，使得已经合成的肽链不能从核糖体上释放出来，从而核糖体循环受阻。

三、水产养殖允许使用的抗菌药物

1. 抗生素

（1）氨基糖苷类药物　氨基糖苷类抗生素是含有氨基糖分子和非糖部分的糖原结合而成的苷，可分为天然品和人工半合成品两类。氨基糖苷类抗生素具有如下特点：①均为有机碱，能与酸形成盐。制剂多为硫酸盐，水溶性好，性质稳定。在碱性环境中抗菌作用增强。②抗菌谱较广，对需氧的革兰氏阴性杆菌作用强，但对厌氧菌无效；对革兰氏阳性菌的作用较弱，但对金黄色葡萄球菌包括其耐药菌株却较敏感。③口服吸收不好，几乎完全从粪便排出；注射给药效果良好，吸收迅速，可分布到体内许多重要器官中。④不良反应主要体现为肾毒性，阻断脑神经。⑤与 B 族维生素、维生素 C 配伍产生颉颃作用；与氨基糖苷类药物等配伍毒性增加。

（2）四环素类药物　四环素类为一类具有共同多环并四苯羧基酰胺母核的衍生物，是由链霉菌等微生物产生或经半合成制取的一类碱性广谱抗生素。在水产动物疾病防治中应用的主要是经半合成制取的多西环素。四环素类药物应避免与生物碱制剂、钙盐、铁盐等同服；由于它能抑制动物肠道菌群，不要将它与微生物（或微生态）制剂同时使用。此外，四环素类药物与复方碘溶液配伍易产生沉淀。

（3）酰胺醇类药物　应用于水产动物疾病防治的该类药物主要有甲砜霉素、氟苯尼考等。酰胺醇类药物与维生素C、B族维生素、氧化剂（如高锰酸钾）配伍易分解；与四环素类、大环内酯类抗生素和喹诺酮类药物配伍有颉颃作用；与重金属盐类（铜等）配伍则沉淀失效。

2. 合成抗菌药物

（1）喹诺酮类药物　喹诺酮类抗菌药是指人工合成的含有4-喹酮母核的一类抗菌药物。自1962年人类发现第一个喹诺酮类抗菌药——萘啶酸以来，由于它具有抗菌谱广、抗菌活性强、给药方便、与常用抗菌药物无交叉耐药性、不需要发酵生产、性价比高等特点，被广泛用于人、兽和水生动物的疾病防治等。该类药物现已开发至第四代，目前水产动物疾病防治常用的是第三代的一些种类，如恩诺沙星等。喹诺酮类抗菌药与氯茶碱、金属离子（如钙、镁、铁等）配伍易沉淀；与四环素类药物配伍有颉颃作用。

（2）磺胺类药物　磺胺类药物是由化学合成染料——"百浪多息"衍生出的一类抗菌药，具有抗菌谱较广、性质稳定、可以口服、吸收较迅速、使用方便、价格低廉等特点。磺胺类药物与抗菌增效剂联合使用后，抗菌谱扩大、抗菌活性增强，应用更为普遍。磺胺药通过干扰细菌的叶酸代谢而抑制细菌的生长繁殖。目前在水产动物病害防治中常用的磺胺类药物有磺胺嘧啶、磺胺甲噁唑、磺胺二甲嘧啶、磺胺间甲氧嘧啶等。磺胺类药物与酸性液体配伍易发生沉淀；与酰胺醇类药物配伍毒性增加。

第二节 抗寄生虫药物

一、分类

抗寄生虫药物是指用于驱除宿主体内外寄生虫的药物，包括抗虫药（如抗球虫药）、驱虫药（如驱线虫药）和驱杀寄生甲壳动物药（如杀中华鳋药），所以又常称为驱杀虫药。水生动物用驱杀虫药是指通过药浴或内服方式来杀死或驱除体内外寄生虫以及杀灭水体中有害无脊椎动物的药物。根据其使用目的，可分为以下几类。

1. 抗原虫药 指用来驱杀鱼类寄生原虫的药物。目前水产上对有许多原虫病缺乏理想的药物，例如小瓜虫和孢子虫病，是目前鱼类病害防治中的难点。

2. 抗蠕虫药 是能杀灭或驱除寄生于鱼体内蠕虫的药物，亦称驱虫药。根据蠕虫的种类，又可将此类药物分为驱线虫药、驱绦虫药、驱吸虫药。由于单殖吸虫病在水产上危害最大，所以水产上的抗蠕虫药主要是针对这一类寄生虫的。目前主要是移植兽药中的抗吸虫药，包括吡喹酮、阿苯达唑、甲苯咪唑和有机磷化合物等。

3. 驱杀寄生甲壳动物药 杀灭体表寄生的甲壳动物（如鳋、蚤、虱）的药物称为驱杀寄生甲壳动物药。

二、作用机理

1. 抑制虫体内的某些酶 不少抗寄生虫药通过抑制虫体内酶的活性，而使虫体的代谢过程发生障碍。例如，左旋咪唑、硫双二氯酚、硝硫氰胺、硝氯酚等能抑制虫体内的琥珀酸脱氢酶的活性，阻碍延胡索酸还原为琥珀酸，阻断了 ATP 的产生；有机磷酸酯类能与胆碱酯酶结合，使酶丧失水解乙胆碱的能力，引起虫体兴奋、痉挛，最后麻痹死亡。

2. 干扰虫体的代谢 某些抗寄生虫药能直接干扰虫体的物质代谢过程，例如，苯并咪唑类能抑制虫体微管蛋白的合成，影响酶的分泌，抑制虫体对葡萄糖的利用；三氮脒能抑制动物体 DNA 的合成，而抑制原虫的生长繁殖；氯硝柳胺能干扰虫体氧化磷酸化过程，影响其 ATP 的合成，从而使其头节脱离肠壁而被排出体外；氨丙啉的化学结构与硫胺相似，故在球虫的代谢过程中可取代硫胺，使虫体代谢不能正常进行；有机氯杀虫剂能干扰虫体内的肌醇代谢。

3. 作用于虫体的神经肌肉系统　有些抗寄生虫药可直接作用于虫体的神经肌肉系统，影响其运动功能或导致虫体麻痹死亡。例如，哌嗪有箭毒样作用，使虫体肌细胞膜超极化，引起弛缓性麻痹；阿维菌素类则能促进 γ-氨基丁酸的释放，使神经肌肉传递受阻，导致虫体产生弛缓性麻痹；噻嘧啶能与虫体的胆碱受体结合，产生与乙酰胆碱相似的作用，引起虫体肌肉强烈收缩，导致痉挛性麻痹。

4. 干扰虫体内离子的平衡或转运　聚醚类抗球虫药能与钠、钾、钙等金属阳离子形成亲脂性复合物，使其能自由穿过细胞膜，使子孢子和裂殖子中的阳离子大量蓄积，导致水分过多地进入细胞，使细胞膨胀变形，细胞膜破裂，引起虫体死亡。

三、抗寄生虫药物的选择和合理使用

当前控制水生动物寄生虫疾病大多还是使用化学驱杀虫剂，虽然化学药剂可以控制病情，但却会污染环境、残留于水生动物机体和环境中，并可能造成不良反应。因此，在水产养殖中，科学、合理选择杀驱虫剂显得尤其重要。选择杀驱虫剂，必须充分考虑其安全性、蓄积性及对环境的污染。一般说来，要想控制一种寄生虫疾病，选择药物除了遵循有效、方便、廉价等原则外，还应特别注意用药的安全。

水生动物用驱杀虫剂极易造成水生动物中毒、药物在水产品中残留以及破坏养殖水环境或诱发寄生虫产生抗药性，对公众健康和水域环境造成潜在危害，因此，在水产养殖中尤其应注意选择对水生动物毒性小或安全浓度高、不污染环境或轻微污染后消除速度快、在水生动物体内无残留或残留限量高或休药期短的药物。为尽量避免寄生虫产生抗药性，应足量用药和交替选药。对于某一种寄生虫疾病如果有多种制剂可以选择，应考虑环境因子对药效的影响，选择那些环境因素对药效影响较小的药物。在水产养殖生产中，许多疾病暴发时都会伴随着寄生虫的感染，但寄生虫的感染要达到一定的感染强度才会致病，因此诊断时一定要分清疾病主次，选药要有针对性，而不仅是"有病先杀虫"。

1. 理想的抗寄生虫药需要满足的条件

（1）安全　凡是对虫体毒性大、对宿主和人的毒性小或无毒性的抗寄生虫药均是安全的。

（2）高效、广谱　指应用剂量小、驱杀寄生虫的效果好，而且对成虫、幼虫甚至虫卵都有较好的驱杀效果，最好能够对不同类别的寄生虫都有驱杀作用。

（3）具有适于群体给药的理化特性　内服药应适口性好，可混饲给药，不影响摄食，适用于群体给药。外用药物的水溶性要好。

（4）内服抗寄生虫药应该有合适的药物油/水分配系数　水是药物转运的载体，药物在吸收部位必须具有一定的水溶解度，当药物处于溶解状态时才能被吸收，因此药物必须有一定的水溶性。同时，细胞膜的双脂质层结构要求药物有一定的脂溶性才能穿透细胞膜。因此，药物油/水分配系数大，脂溶性大，水溶性小，易透过生物膜，这类药物能在机体内滞留较长时间；药物油/水分配系数小，脂溶性小，水溶性大，透过生物膜较难，从而造成生物利用度较差，而且水溶性过大，在投喂过程中会因为溶解而丢失过多。由此可知，油/水分配系数过大或过小都会影响药物的吸收。外用药物的水溶性要好。

（5）价格低廉　在水产养殖生产上使用不会过多增加养殖成本。

（6）无残留　食品动物应用后，药物无残留，或休药期短。

（7）针对性　尽量做到水产动物专用，不与人用和兽用药物相冲突。

2. 抗寄生虫药物的合理使用技术要点和注意事项

（1）坚持"以防为主、防治结合"的原则　寄生虫疾病的防治跟其他水生动物疾病一样，也应该注重早期的预防，包括清塘、苗种放养、切断传播途径等各个环节。在发病季节，可根据该水域寄生虫疾病既往史以及对鱼体检查后发现的征兆，提前预防用药。也可通过杀灭中间宿主的办法来预防寄生虫疾病，如杀灭中间宿主锥实螺预防血居吸虫病；或切断寄生虫生活史的某一阶段，如杀灭小瓜虫的幼虫。

（2）选用适宜的给药方式　根据水生动物的种类、个体大小、养殖模式、发病情况和药物本身的特性，选择适宜的给药方式。水生动物用驱杀虫剂主要有口服、遍洒、浸浴、挂袋等方法。口服法主要用于防治水生动物绦虫病、棘头虫病、毛细线虫等体内感染疾病，适用于吃食性鱼类的寄生虫病防治。遍洒、浸浴、挂袋主要用于防治水生动物中华鳋病、锚头鳋病、鲺病、三代虫病、指环虫病、车轮虫病等体外感染疾病。浸浴适用于苗种投放、转塘以及易换水的小水体养殖模式用药，而挂袋较适合于大水面和网箱养殖模式用药。

（3）制订合理的给药剂量、给药时间　内服驱杀虫剂的剂量大小制订主要依据血药浓度、中毒剂量、杀灭寄生虫的有效浓度等，给药间隔时间主要参考半衰期、累积系数及有效浓度维持时间。外用驱杀虫剂的剂量大小主要依据杀灭寄生虫的有效浓度、水生动物的安全浓度、环境安全性评价指标等，给药次数主要依据疾病的类型及严重程度。由于药物在池塘中受 pH、溶解氧、水温、硬度、盐度、有机质和浮游生物等各种理化和生物因子的影响，因此，制订合理给药方案时，应根据实际情况考虑以上影响因子。不同养殖种类、年龄和生长阶段，药物使用剂量存在差异性，如虾、蟹、鳜、淡水白鲳、鲈、真鲷等水生动物对敌百虫较敏感，应慎用；硫酸铜与硫酸亚铁粉在鱼苗塘应适当减少用量。

（4）了解寄生虫的特性　要治疗鱼类寄生虫病，必须了解寄生虫的寄生方式、生活史、流行病学、季节动态、感染强度及范围。例如，锚头鳋的整个生活史过程要经过卵、无节幼体、桡足幼体和成虫期等阶段。其中，锚头鳋成虫又可分为童虫、壮虫和老虫三种形态。这些不同的发育阶段对药物的敏感性是不同的。此外，锚头蚤寿命的长短与水温有密切关系，当水温为 25～37℃ 时，成虫的平均寿命为 20d 左右，水温越低，其生存时间越长。此外，多子小瓜虫在发育过程中有具有感染力的幼虫、寄生阶段的成虫和体外的包囊等三个阶段，每个阶段对杀虫药物的敏感性相差很大。只对其中一个阶段有效的药物，一次用药是不能完全控制小瓜虫病的发生和发展的。可见，对寄生虫这些特性的了解对于制订合理的治疗方案是十分必要的。

（5）温度对杀虫药物毒性的影响　杀虫剂在水温较低时对水生动物的毒性更大，所以春天用药时，应适当减低剂量。如菊酯类杀虫药在水质清瘦、水温低时（特别是 20℃ 以下时）对鲢、鳙、鲫毒性大。

（6）虾蟹混养池塘用药　由于水生动物的品种很多，而同种杀虫剂对不同水生动物的毒性往往不同，这种特性对于混养池塘用药应特别注意。如敌百虫在池塘中对鱼类安全，但可引起虾蟹大量死亡。

（7）避免鱼类中毒　使用硫酸铜等药物后，会引起藻类大量死亡，水色变清。如果不及时增氧，死亡沉底的藻体会腐败产生毒素，引起鱼类中毒。因此，使用硫酸铜后必须开启增氧机或采用其他增氧措施。

（8）准确计算用药剂量，充分稀释后均匀泼洒　外用驱杀虫剂一般对水生动物安全浓度范围较窄，计算用药量时一定要准确计量水体体积，水深超过 2m 的养殖水体，计算用药剂量时，水深以 2m 计；外用驱杀虫剂使用时应充分稀释后全池均匀泼洒，严禁稀释倍数低或局部泼洒使用。

（9）注意施药人员安全　外用驱杀虫剂一般毒性较强，对施药人员应进行必要的安全用药知识培训，使其懂得如何正确使用药物，掌握安全用药知识并具备自我防护技能。

（10）用药后要注意观察，并适当采取增氧措施　杀虫剂对水生动物都具有不同程度的毒性，因此，在药物使用后的 4h 内，要注意观察池塘内各种生物的反应。可能出现的情况是鱼类蹿跳、小个体杂鱼死亡等,如发现有药物中毒的现象,要尽早采取措施。因用药后,鱼类往往处于紧迫状态,为缓解药物毒性,可开增氧机增氧或采取加注新水等增氧措施。

第三节 环境改良及消毒类药物

环境改良及消毒类药物是指能用于调节养殖水体水质、改善水产养殖环境,去除养殖水体中有害物质和杀灭水体中病原微生物的一类药物。

一、分类

环境改良剂是以改良养殖水域环境为目的所使用的药物,是以去除养殖水体中有毒有害物质为目的的一类有机或无机的化学物质。它具有调节 pH、吸附重金属离子、调节水体氨氮含量、提高溶解氧等作用,包括底质改良剂、水质改良剂和生态条件改良剂等。

水产消毒类药物是通过泼洒或浸浴等方式作用于养殖水体,以杀灭动物体表、工具和养殖环境中的有害生物或病原生物,控制病害发生或传播的药物。消毒剂种类较多,按其化学成分和作用机理可分为氧化剂、表面活性剂、卤素类、酸类、醛类、重金属盐类等,常见的有含氯石灰、高锰酸钾、氯化钠、苯扎溴铵、聚维酮碘等。

二、作用机理

养殖环境的恶化是水生动物疾病发生的基本条件,环境改良和消毒类水产药物就是为改良养殖环境而选用的,它们主要通过以下几个方面发挥作用:①杀灭水体中的病原体,如含氯石灰、三氯异氰脲酸粉等;②净化水质,防止底质酸化和水体富营养化;③降低硫化氢和氨氮的毒性;④补充氧气,增加鱼虾摄食力;⑤补充钙元素，促进鱼虾生长并增强疾病抵抗力；⑥抑制有害菌数量，减少疾病发生。

三、水产养殖允许使用的环境改良及消毒类药物

1. 卤素类 卤素类药物主要包括卤素和容易游离出卤素的化合物，这类药物都有很强的杀菌作用，对原生质成分进行卤化或氯化作用。卤素类药物可分为以下三类。

（1）碘和碘化物 分子态碘离解产生的游离碘呈现强杀菌作用，如聚维酮碘、碘酊。

（2）氯和氯化物 能产生游离氯或初生态氧的化合物。可分为：无机氯化物，如含氯石灰、次氯酸钠、复合次氯酸钠等；有机氯化物，如三氯异氰脲酸等，有机氯化物比无机氯化物稳定。

（3）溴和溴化物 主要是机溴化物，如溴氯海因，其作用机制与氯素类化合物相似。

2. 氧化物类 该类主要分为两类，一类为氧化剂，是指具有接受电子形成氧化能力而起杀菌作用的一类药物，如过氧化氢；另一类是增氧化合物，遇水可缓慢分解，释放氧气，如过氧化钙、蛋氨酸碘。

3. 醛、碱、盐类 按药物化学与性质不同，将其分为醛类、碱类、盐类，包括戊二醛、过硼酸钠、过碳酸钠、硫代硫酸钠、硫酸铝钾、复合亚氯酸钠、过硫酸氢钾复合物等。

4. 其他 包括苯扎溴铵（新洁尔灭）、戊二醛、苯扎溴铵、氯硝柳胺等。

第四节 生殖及代谢调节药物

一、分类

动物的代谢和生长主要是动物对能量的利用和转化。水产动物对能量的利用与许多因子有关，除了环境条件的变化、饲料营养水平、机体健康水平外，体内代谢所需各种营养因子的平衡情况亦是

一个重要的因素。生长和代谢因子的不足或过剩都会产生代谢、生长和繁殖方面的疾病。

水产养殖者为了提高经济效益，常在养殖生产中使用一些能促进代谢和生长的药物，用来调控代谢、增强体质、提高免疫力；或促进水产动物的生长发育和性成熟，从而达到提高水生动物对能量的利用和转化能力的目的。目前，在水产养殖生产中常用的调节水产动物代谢及生长的药物主要有催产激素、维生素和促生长剂等几类。

二、水产养殖允许使用的生殖及代谢调节药物

1. 催产激素　激素（hormone）是动物内分泌器官直接分泌到血液中并对机体组织和器官有特殊效应的物质。对维持动物体正常生理功能和内环境的稳定起着重要作用，通常只需要纳克（ng）和皮克（pg）水平剂量就能对机体的生命活动起到重要作用。激素的主要作用是：控制消化道及其附属结构，控制能量产生，控制细胞外液的组成和容量，调节对敌害环境的适应，促进生长和发育，保证生殖等。催产素有选择性地使组织兴奋，促进排卵。水产养殖中常用的催产激素包括绒毛膜促性腺激素和促黄体生成素释放激素类似物等。

2. 维生素　维生素是维持水生动物体生长、代谢和发育所必需的一类微量低分子质量有机化合物，也是保持水生动物健康的重要活性物质。大多数必须从食物中获得，仅少数可在体内合成或由肠道内微生物产生。各种维生素的化学结构以及性质虽然不同，但它们却有着以下共同点：①维生素不是构成机体组织和细胞的组成成分，也不会产生能量，它们的作用主要是参与机体代谢的调节；②大多数的维生素，机体不能合成或合成量不足，不能满足机体的需要，必须通过食物获得；③许多维生素是酶的辅酶或者是辅酶的组成分子，因此维生素是维持和调节机体正常代谢的重要物质；④水生动物对维生素的需要量很小，日需要量常以毫克（mg）或微克（μg）计算，但一旦缺乏就会引发相应的维生素缺乏症，如代谢机能障碍、生长停顿、生产性能降低、繁殖力和抗病力下降等，严重的甚至可引起死亡。维生素类药物主要用于防治维生素缺

乏症，临床上也可作为某些疾病的辅助治疗药物。

目前已知的维生素有几十种，可分为脂溶性和水溶性两大类，水溶性维生素不需消化，直接从肠道吸收后，通过循环系统到机体需要的组织中，多余的部分大多由尿排出，在体内储存甚少。脂溶性维生素溶解于油脂，经胆汁乳化，由小肠吸收，经循环系统进入体内各器官，体内可储存大量脂溶性维生素。

第五节　中　草　药

一、中草药的有效成分

中草药主要由植物药、动物药和矿物药组成。在食品安全和环境安全极受关注的今天，中草药不但可以解决化学药物、抗生素等引发的病原菌抗（耐）药性和养殖鱼类药物残留超标等问题，而且完全符合发展无公害水产业、生产绿色水产品的病害防治需求。因此，中草药在水产养殖中具有广阔的应用前景。

1. 有效成分　水产用中草药主要来源于植物，种类繁多的中草药成分丰富而复杂。其中有机成分有生物碱、黄酮、苷类、鞣质、树脂、挥发油、糖类、油脂、蜡类、色素、纤维素、有机酸、蛋白质、肽、糖肽、氨基酸；无机元素有钾、钠、钙、镁、硫、磷、铜、铁、锌、锰、硒、碘、钴、铬、硅、砷等。其中有些成分是中草药共有的，如纤维素、蛋白质、糖类、油脂和无机成分；有些是某些植物药特有的，如生物碱、苷类、挥发油；有些中草药内有几种甚至十几种成分共存。中草药成分的单体或有效组分都是可开发利用的资源。

常见的中草药主要有效成分如下。

（1）生物碱　存在于植物体中的一类除蛋白质、肽类、氨基酸及 B 族维生素以外的有含氮碱基的有机化合物，类似碱的性质，能与酸结合成盐。大多数生物碱为结晶形固体，不溶于水；少数生物碱为液体，如烟碱、槟榔碱。生物碱通常根据它所来源的植物命名，如从烟草中提取分离的称为烟碱。生物碱主要有抗菌等药理作用。

（2）黄酮类　广泛存在于植物中一类黄色素，大都与糖类结合以苷的形式存在。主要存在于一些有色植物中，如银杏叶和红花等。黄酮类化合物一般难溶或不溶于水，易溶于甲醇、乙醇、乙酸乙酯、乙醚等有机溶剂及稀碱液中。通常，根据它所来源的植物命名，如来源于黄芩的称为黄芩苷。黄酮类主要药理功能为降血脂、降血糖、扩张冠状动脉、降低血管脆性、止血、提高免疫功能等。

（3）多聚糖　简称多糖，由 10 个以上的单糖基通过苷键连接而成。一般多糖由几百个甚至几千个单糖组成。多糖一般不溶于水，没有甜味。多糖来源于植物、动物、微生物等生物体中，可根据来源进行命名。如来源于植物黄芪的多糖就命名为黄芪多糖，来源于香菇的多糖称为香菇多糖。多糖具有提高水产动物免疫的功能。

（4）苷　又称配糖体、糖杂体，是糖或糖的衍生物与另一类称为苷元的非糖物质通过糖端的碳原子连接而成的化合物。苷类可根据苷键原子不同而分为氧苷、硫苷、氮苷和碳苷，其中，氧苷最为常见。氧苷以苷元不同，又可以分为醇苷、酚苷、氰苷、酯苷和吲哚苷等。如醇苷苷元中不少属于萜类和甾醇类化合物，其中，强心苷和皂苷是重要类型。黄酮、蒽醌类化合物通过酚羟基而形成黄酮苷、蒽醌苷，分解后产生具有药理活性的黄酮。

（5）挥发油（精油）　是一类混合物，其中常含数种乃至数十种化合物。主要成分是萜类及其含氧衍生物，具有挥发性，大多是无色或微黄色透明液体，具有特殊的香味，比水轻，微溶于水或不溶，能溶于醇、醚等。

（6）鞣质　又名单宁。鞣质多具收敛涩味，遇蛋白质、胶质、生物碱等能起沉淀，氧化后变为赤色或褐色。常见的五倍子鞣质亦称鞣酸，用酸水解时，分解出糖与五倍子酸。因此，也可将其看作苷，临床上用于止血和解毒。

2. 组方原则与制备

（1）中药方剂的基本特色　中药方剂的复杂成分作用于动物体，往往会产生复杂的组合效应。一个良好的中药方剂，既包括辨证施治的基本理论和法则，又反映出用方遣药的丰富经验和灵活技巧。组合效应是中药方剂的主要特色和优势所在。

（2）方剂结构　方剂不是药味的随意凑合，而是以治法或药性为依据，按主次协调关系组成的。传统的中医药典籍将方剂的结构形象地比喻为一个国家机器。一个国家有君王、宰相、大臣等各种不同地位和职责的官吏；一个方剂中的若干药味按其主次功效也就分为"君、臣、佐、使"。

君药，或称主药，是方剂中针对病因或主证起主要治疗作用的药味。

臣药，或称辅药，是辅助君药以加强治疗作用的药味。

佐药在方剂中大致有三种情况：一是治疗兼证或次要证候；二是制约君药的毒性或劣性；三是用作反佐，如在温热剂中加入的少量寒凉药，或在寒凉剂中加入的少量温热药，其作用在于消除病势拒药的现象。

使药大多是指方剂中的引经药或调和药。当然，"君、臣、佐、使"并不是死板的格式，君、臣、佐、使，可各有一味，也可各有几味药。有的方剂只有两三味甚至一味药，其中的一两味药既是君臣药，又兼有佐使药的作用，就不必另配佐使药了。由于药味在方剂中有主有次，其用量配比也往往有所体现。一般来说，君药用量较大，其他药味用量较小。当然，对于变温的水生动物而言，中医的辨证施治理论和法则是否同样适用，目前还没有定论。

（3）中草药处方配伍的一般原则　由单味中草药制剂向复方中草药制剂发展是现代中草药方剂发展的趋势，兽用中草药剂尤其如此。选择多组分或多成分或多功能的中草药组成的复方，可以获得药效互补、药效增强而不良作用减少的效果。复方制剂的配伍讲究按主药、辅药、矫正药、赋形药进行合理搭配。其要求是主治药物要突出，辅治药物要选择合理，矫正药与赋形剂要配合恰当，去除配方中可用可不用的药物，力求达到安全、有效、低投入、高生产。安全是要求配方中没有或尽量减少药物副作用或毒性，不致引起药物流行病，无药物残留危害。有效是配方组分中相互不产生配伍禁忌，不易发生病原体的耐药性，能产生预期的临床治疗效果。同时投入成本要合理。

（4）中草药配伍的目的

①增效，就是通过配伍，可用相须、相使的药物。

②减毒，就是对一些有一定毒性及不良反应的药物，通过炮制及配伍相畏、相杀的药物。综上所述，各种中草药间具有协同作用（相须、相使）、颉颃作用（相畏、相恶、相杀）和相反作用（相反）。

（5）配伍禁忌　从理论上讲，两种以上药物混合使用或制成制剂时，可能发生体外的相互作用，出现使药物中和、水解、破坏失效等理化反应，这时可能发生混浊、沉淀产生气体及变色等外观异常的现象，称为配伍禁忌。

按中医药理论，中草药的配伍禁忌主要是不将相畏或相反药物相配合使用。因为，将这些药物配伍，使它们原有的治疗作用减弱或消失，甚至产生新的毒副作用。

对中草药配伍使用时具体应该注意以下几个方面的问题。

①增效、减毒，避免配伍禁忌。

增效组方：选用相须、相使药物配伍组方，可达到增效，此为最常用的组方原则。

减毒组方：在用某些有一定毒性及不良反应的药物时，可以相畏、相杀药物配伍组方。

②相反相成，阴阳配合。一些药性或功效相反或截然不同的中草药配伍后，某些药物功效反而会得到增强，这就叫作相反相成，或称阴阳配合。如一些血虚证，用当归补血汤（黄芪5份，当归1份）治疗，就是以补气的黄芪为主药，实现补气以生血，从而能取得良好的疗效。

③主次药有机配合。治疗应分析和抓住病因和主证，按君（主）、臣（辅）、佐、使组方。主药（君药），就是在组方中，对病因或主证起主要治疗作用的药物，一般来说，主药是用量较重或药力专一或针对性较强的药；辅药（臣药）是指辅助主药更好地发挥

作用的药物；佐药是指在方剂中治疗兼证或起监制作用（消除或缓和方剂中某种药物的毒性或偏性）的药物；使药是指能引导其他药直达病灶或起协调作用的药物。

（6）中西药复方制剂　近代的中西药复方制品有以中草药为主加入化药的组方，或在化药中加入中草药的制剂，或将中西药合方制成饲料预混剂。只要遵循其配伍的规则，都会取得良好的防病效果。不少中西药复方制剂，比单用中草药或西药的疗效高。有的中草药将其有效成分提取纯化后做成制剂则成为"中西合一"的产品。用中西药组方可获得协同或增效作用。例如，抗菌中草药鱼腥草、黄连、黄檗、马齿苋、蒲公英、苦参、白头翁与三甲氧苄胺嘧啶（TMP）合用，可产生抗菌协同或增效作用。能增强动物免疫功能的中草药如黄芪、刺五加、灵芝等与抗菌或抗病毒化药有协同作用，能提高对病毒病的疗效。有些中草药与抗菌化药合用，可减少化药的不良反应。中西合方时，中药与西药之间也存在协同与颉颃的问题。某些抗生素或化学抗菌药与清热解毒类中药合用时，不仅有增效作用，还可降低西药用量，大大减少化学药物引起中毒的可能性。据观察，小檗碱与 TMP 联用，抗菌作用增强；体外试验证明蒲公英无抑菌作用，而当与 TMP 联用时有抑菌作用，且随蒲公英浓度增高而增强，并大于 TMP 的效果。使君子与哌嗪合方有协同驱虫作用。由于中药和西药各有所长，合方应用时往往具有互补作用。扶正固本中药与抗病原西药合方，具有调整功能的中药与抗病原西药合方，治本中药与治标西药合方等，往往能形成作用的互补效应。例如，当归、川芎等与链霉素合方能增强抗菌作用；芦荟、蜂胶、花粉多糖等作为疫苗佐剂可增强免疫效果；大黄有泻下利胆作用，敌百虫有杀虫作用，二者合方，对驱除肠道寄生虫效果更佳；仙鹤草中的有效成分鹤草酚与硝咪唑引起吸虫体各主要生化成分的变化规律出现明显差别，但合并用药后能够增效，其中以鹤草酚起主导作用。当然有些中药与西药配伍，也可降低疗效或增强毒性，属于配伍禁忌，应当注意。在增强毒性方面，磺胺类药物与山楂、乌梅、五味子等富含有机酸的中药合方，其毒副作用加大，这是因为含有机酸类的中药，经体内代谢后，能使尿液酸性增加，而乙酸化的磺胺在酸性环境中的溶解度大大降低，易析出结晶，损伤肾小管和尿路的上皮细胞，引起血尿、结晶尿、尿闭症状。

第六节　免疫用药物

水产疫苗包括传统疫苗和新型疫苗两大类。传统疫苗主要是灭活疫苗和减毒活疫苗。灭活疫苗具有安全性好、制备容易等特点，但是由于部分抗原成分被破坏，故存在免疫效果不理想、免疫力持久性差等问题。活疫苗采用弱毒株制成，具有免疫效果好、免疫力较强且持久的优点，但它存在病原有可能在水体中回归和扩散的风险，各国对水产活疫苗的使用均持谨慎态度。新型疫苗是随着分子生物学和基因工程技术而发展起来的，有亚单位疫苗、DNA疫苗、合成肽疫苗等。

疫苗以其不可替代的优势对水产养殖业的发展具有极大的推动力。研究开发疫苗的目的是为了能有效地防治水产动物病害，提高养殖品种的生产性能，取得更好的经济效益和生态效益。因此，良好的应用前景要求疫苗一般具有下列特性：①对特定的疾病，不论规格大小，养殖环境如何，在疾病流行期间，能起到免疫保护作用；②免疫保护的期限相对较长，对特定的疾病，再次流行时也能起到保护作用；③接种方便，如浸浴法接种；④安全，不污染环境，不返祖；⑤价格可被生产接受。

目前，我国获得国家新兽药证书的水产疫苗有4种（均为一类新兽药证书），分别为草鱼出血病细胞灭活疫苗，嗜水气单胞菌败血症灭活疫苗，牙鲆溶藻弧菌、鳗弧菌、迟缓爱德华菌病多联抗独特型抗体疫苗，草鱼出血病灭活疫苗。目前具有生产文号的只有草鱼出血病灭活疫苗和嗜水气单胞菌败血症灭活疫苗2种。

第六章　渔药风险控制技术

为有效控制渔药使用过程中产生的毒理风险、残留风险、耐药性风险和生态风险，可以采取建立渔药残留检测技术、小分子标识物预警、残留消除及预警、新型替代药物创制及延缓耐药性技术等手段。其中，渔药残留检测技术包括适合非实验室条件下的残留快速初筛技术和适合实验室条件下的复检技术；小分子标识物预警包括渔药受体 GABA、转运体应用于渔药风险标识物等；残留消除及预警是在药物代谢规律的基础上利用幂函数等模型预测残留风险等；替代药物是针对孔雀石绿等禁用药物技术空白创制安全、高效的新渔药制剂；延缓耐药性技术是利用中草药或抑制剂延缓耐药性产生。

第一节　渔药残留检测技术

渔药残留的检测方法包括高效液相色谱法（high performance liquid chromatography，HPLC）、液质联用法（HPLC-mass，LC-MS）、酶联免疫法（enzyme-linked immunosorbent assay，ELISA）、毛细管电泳法（capillary electrophoresis，CE）、胶体金试纸条法、微生物法等。不同的检测方法具有不同的方法学参数。其中，ELISA 法、胶体金试纸条法、微生物法适合在非实验室或半实验室条件下作为初筛方法在生产、销售和流通领域使用；HPLC 法（包括 HPLC-MS 法）和 CE 法作为实验室条件下的复检方法使用。以环丙沙星为例，部分检测方法的方法学参数见表6-1。

表 6-1　CIP 残留检测方法（部分）的方法学参数比较

检测方法	方法学参数			备注
	最低检测限（$\mu g/kg$）	回收率（%）	相对标准偏差（relative standard deviation，RSD）（%）	
微生物法	20	—	—	以大肠杆菌ATCC8739 为测试菌株
	35	＞70	＜15	以藤黄微球菌为测试菌株
	20	—	—	以枯草芽孢杆菌为测试菌株
HPLC 法	0.2	76.5～88.6	6.1	荧光检测器
	5	75～102	—	LC-MS
	6.8	66～91	—	LC-MS-MS
ELISA 法	0.32	75.58～84.3	3.7～9.2	多克隆抗体（0.32～5 000ng/mL）
	50	＞57.06	＜10.03	多克隆抗体
	—	—	—	多克隆抗体
CE 法	70	92～98	4.0	—
电化学传感器方法	25	—	—	—

一、渔药残留的前处理

渔药残留分析涉及样品前处理。相比化学样品的分析，水产品组织基质十分复杂。水产品种类繁多（种类涉及鱼、虾、贝、藻），可食用组织繁多（如多数鱼类的肌肉、肝脏，蟹类的性腺等）。这些样品中含有大量的理化性质各异的组分（如蛋白质、糖类、脂肪等），这些组分的含量往往远远高于待测目标药物的含量，其存在不但严重干扰了对待测物的分析，也在很大程度上决定了检测方法的灵敏度等重要方法学指标。

不同种类水产品可食用组织理化性质各异，也决定了其前处理方法的不同：如鳗的肌肉中脂肪含量较高，前处理方法就必须增强脱脂的步骤（如增大脱脂剂体积等）；中华鳖肌肉中结缔组织较多，前处理方法就必须采取具有较强破碎效率和均质能力的提取方法；对虾等水产品肌肉中水分含量较高，就必须加入适量的脱水剂以保障随后浓缩步骤的有效进行；中华绒螯蟹的性腺等，前处理方法也必须加入足够的脱脂剂和蛋白去除剂以净化样品。

因此，对于一种成熟、实用的水产品中药物残留的检测方法而言，需要针对不同种类的样品建立分类指导的前处理方法。在生产实践中曾经出现过由于样品前处理方法不适应样品种类而导致检测结果出现假阴性的报道。

样品前处理通过将待测目标组分从样品基质中分离出来，去除样品中杂质的干扰，将待测组分转化成仪器易于检测的形式，其基本内容包括提取、净化、浓缩和衍生化等步骤。样品前处理方法的确定需要考虑生物样品的性质、待测目标药物的性质、检测方法的方法学参数的要求、操作可行性和经济性等综合因素。如氟喹诺酮类药物在水产动物血浆中极易与血浆蛋白质（主要为白蛋白、糖蛋白、脂蛋白和 γ-球蛋白等）发生较高比例的结合。通过对血浆等样品的除去蛋白的前处理，就能有效富集氟喹诺酮类药物，提高检测方法的准确性（提高回收率）。前处理方法的制定还需综合考虑方法对检测环境（包括设备、人员）的依赖性、可操作性、经济性等因素。

1. 提取溶剂 "相似相溶"原理是提取目标组分的原则，也是最通用和最容易靠经验判断的性质之一。除此之外，还需遵循如下原则：①对待测组分溶解度大；②对干扰物质（杂质）溶解度小；③与样品基质相容性较强；④能有效释放药物，具有一定的去除蛋白或脂肪的能力；⑤其他，如沸点适当、黏度小、毒性低、易纯化、价格低廉等。

目前，通常的观点认为，提取溶剂的选择应首先满足样品基质的性质（即先满足上述要求③），提取溶剂能与样品基质充分混合并渗透样品是提取的前提。由于样品中待测药物组分的绝对量极小

（一般为微克级），提取溶剂对待测药物的溶解能力并不关键（可以通过延长提取时间和提取次数弥补）。

以环丙沙星（CIP）为例，CIP 分子在 C-3 含有羧基，在 C-7 连接有哌嗪含氮碱基，属于酸碱两性化合物。CIP 常以盐酸盐的形式存在，其等电点为 7.53。不同于其他氟喹诺酮类（QNs）药物，CIP 能溶解于水和氢氧化钠溶液，且稳定性较好，微溶于甲醇、乙醇，但不溶于乙腈、正己烷、乙酸等有机溶液。这些理化性质是选取 CIP 在动物源食品中残留的提取溶剂和提取方法的重要依据。对于 CIP 而言，在常见的几种有机溶剂中，乙腈由于其溶解强度较大，黏度系数低，能有效地去蛋白、脱脂并释放结合态的药物，因此成为首选。虽然甲醇和丙酮也具有类似的提取效果，但应用相对较少。值得注意的是，这些溶剂往往选择性较差：在提取了待测药物的同时，也提取了大量的杂质，进一步萃取时乳化现象会很严重。为了增强溶剂的选择性，甲醇-乙腈、氯仿-甲醇等混合提取溶剂也大量地被使用。

提取溶剂的体积通常是待测样品体积的 2～5 倍，具体的提取倍数与样品中杂质有关。一般而言，杂质越多，溶剂体积越大；在使用相同剂量提取溶剂的情况下，多次提取比单次提取效果要好。

2. 提取方法　　提取方法涉及待测药物、样品基质和提取溶剂三方面的相互作用。提取方法决定了待测药物由固相向液相扩散的速度。为了提高提取速度，通常的措施包括：①提高样品的破碎程度、增加扩散表面积、减小扩散距离；②搅拌和重复提取、保持两相界面的浓度差、延长提取时间、适当提高温度或使用黏度较小的溶剂等。

依据上述原则，常见的提取方法包括：组织匀浆法（homogenization）、振荡法（shaking）、索氏提取法（Soxhlet extraction）、超声波辅助提取法（sonication-assisted extraction，SAE）、超临界流体萃取法（SFE）、强化溶剂萃取法（accelerated-solvent extraction，ASE）、微波辅助萃取法（microwave-assisted extraction，MAE）等。

3. 净化方法　　在样品的提取过程中，杂质往往与待测药物一同被转移出来。这些杂质包括蛋白质及其他一些大分子物质、脂类、水溶性或脂溶性杂质、酸性或碱性杂质等，它们会干扰检测过程，也是影响检测灵敏度。常见的净化方法包括液-液萃取和固相萃取、透析和超滤等方法。需要针对样品基质的理化性质和先前使用的提取溶剂的性质来设计净化步骤。

通过净化可以将杂质与待测药物分开。另外，人们发现在组织样品中加入无水硫酸钠等脱水剂除水的同时会提高待测药物的回收率，其原因可能是样品的盐析和脱水过程促进了有机溶剂浸提。

固相萃取是在 QNs 中常用的净化方法之一，常见的固相萃取小柱是硅胶键合的 C18 或 C8 小柱，小组的装填量依据待净化样品量的不同而不同。SPE 基于色谱原理，由萃取吸附剂决定分离物的保留顺序，通过不同溶液的洗脱达到定量收集待测组分的目的。以 CIP 为例，其残留的前处理方法见表 6-2。

二、渔药残留的仪器分析方法

1. 高效液相色谱法　高效液相色谱法（high performance liquid chromatography，HPLC）又称"高压液相色谱""高速液相色谱""高分离度液相色谱""近代柱色谱"等，它是以液体为流动相，采用高压输液系统，将具有不同极性的单一溶剂或不同比例的混合溶剂、缓冲液等流动相泵入装有固定相的色谱柱，在柱内各成分被分离后，进入检测器进行检测，从而实现对试样的分析。1903 年植物化学家茨维特（Tswett）首次提出"色谱法"（chromatography）和"色谱图"（chromatogram）的概念，1990 年以后，生物工程和生命科学的迅速发展，为该方法的应用注入了新的活力。高效液相色谱法因其具有操作简单、方法灵活、灵敏度高等优点，是一种检测渔药残留的常用方法。大多数渔药均能利用高效液相色谱法检测其残留，主要参数见表6-3。

表 6-2　常见的 CIP 残留在水产品可食用组织中前处理方法

提取方法类型	样品基质	提取溶剂	提取方法	方法学数据	
				检测限（μg/kg）	回收率（%）
类型Ⅰ	鲍	乙腈	C＋Ex＋Ev＋H＋SPE	50～80	5
类型Ⅰ	鱼	乙腈-Na₂SO₄	C＋Ex＋Ev＋F＋So	76～100	1
类型Ⅰ	鳗	乙腈	C＋Ex＋Ev＋F	86.5～106.4	0.01
类型Ⅰ	鳗	乙腈	C＋Ex＋Ev＋H＋F	86～106	10
类型Ⅰ	鱼	乙腈	Ex＋C＋rEv	76.5～113.2	0.1
类型Ⅰ	水产品	乙腈	Ex＋So＋C＋rEv＋F	61	50
类型Ⅱ	鲇	乙腈-柠檬酸缓冲液	C＋Ex＋Ev＋H＋F	60～92	0.15～1.5
类型Ⅱ	鱼卵	乙腈-柠檬酸缓冲液	C＋Ex＋Ev＋H＋F	63～95	1
类型Ⅱ	鳗	乙腈-盐酸 6mol/L	C＋Ex＋Ev＋F＋H＋W	70～84	0.01
类型Ⅱ	鳗	乙腈-乙酸	C＋Ex＋Ev＋H＋F	75～110	10

（续）

提取方法类型	样品基质	提取溶剂	提取方法	方法学数据	
				检测限（$\mu g/kg$）	回收率（%）
类型II	渔药	乙腈-盐酸 0.01mol/L	Ex+So+F	82~105	1.23
类型II	虾	甲醇-乙酸（99:1）（体积比）	Ex+Ev+F+SPE	88~109	0.36~2.4
类型II	鱼虾	乙腈-冰醋酸	Ex+H+C+Ev+F	75~102	6.8
类型II	鸡蛋	乙醇-乙酸（99:1）（体积比）	C+Ex+Ev+S+W+In	74~91	5~25
类型II	鱼虾	乙醇-乙酸（100:1）（体积比）	C+Ex+Ev+S+W+F	73~108	6.8
类型III	牛奶/牛肉/海产品	超纯水	Ex+Ev+H+SPE	82~110	—
类型III	鳗	磷酸盐缓冲液（pH 7.0）	Ex+So+C+SPE+Ev+F	99.5~102.0	0.5
类型III	鲫	磷酸盐缓冲液（pH 7.4）	Ex+C+SPE+Ev+F	68.3~79.8	40

C. 离心；Ex. 提取；Ev. 蒸发；H. 匀浆；So. 超声波；F. 过滤；In. 孵育；W. 清洗；rEv. 旋转蒸发；SPE. 固相萃取；MIP. 采取一种分子印迹聚合物为填料的 SPE 柱。

类型 I. 利用溶于水的有机溶剂直接浸提；类型 II. 将有机溶剂酸化后再进行提取；类型 III. 在强有机溶剂中加入碱性试剂进行提取；类型 IV. 利用缓冲液进行提取；类型 V. 用不溶于水的有机溶剂分离 CIP 和样品基质。

表 6-3　高效液相色谱法检测水产品组织中渔药残留（部分）

药物类别		动物种类	回收率（%）	相对标准偏差（%）	检出限（μg/kg）
抗生素	四环素类	土霉素	鱼	78.21~91.24	2.51~3.31	100
		金霉素	鱼	87.23~93.53	1.59~2.19	50
	氨基糖苷类	硫酸新霉素	草鱼、斑点叉尾鮰等	91.04~114.57	1.91~9.62	10
		硫酸链霉素	罗非鱼	72.7~128.7	<10	5
	酰胺醇类	甲砜霉素和氟苯尼考	鲫	87.12~90.21	2.12~5.12	100
		氟苯尼考	罗非鱼	76.21~104.55	2.3~12.6	40
		氟苯尼考	鳜	70.012~90.104	<10	40
人工合成抗菌药	氟喹诺酮类	诺氟沙星	松浦镜鲤	>83.59	3.64~5.09	3.3
		诺氟沙星盐酸小檗碱	罗非鱼、美国红鱼等	79.8~104.06	2.7~9.15	1
		诺氟沙星盐酸小檗碱	鳗	87.3~119.1	4.40~7.82	2.5
		烟酸诺氟沙星	罗氏沼虾	83.51~94.42	1.0~1.82	25
		乳酸诺氟沙星	鳜	51.935~95.728	<10	10
		氧氟沙星	罗非鱼	61.5~90.6	<10	50
		沙拉沙星	对虾和青蟹	85.44~95.71	1.38~4.32	1
		沙拉沙星	淡水青虾	85.44~95.71	1.38~3.94	1
		噁喹酸	对虾和青蟹	84.70~90.60	1.60~4.73	20
		噁喹酸	对虾	84.70~90.60	1.60~4.73	10
		噁喹酸	鳜	80.035~95.215	<10	5
	磺胺类	磺胺嘧啶和甲氧苄啶	拟穴青蟹	81.52~98.59	1.75~4.82	50
		磺胺二甲嘧啶和甲氧苄啶	黄鳝	>90	<10	2.5
		甲氧苄啶、磺胺甲噁唑	斑点叉尾鮰和黄颡鱼	>90	<10	1

（续）

药物类别		动物种类	回收率（%）	相对标准偏差（%）	检出限（μg/kg）
人工合成抗菌药	磺胺类	磺胺甲噁唑和甲氧苄啶	鲤、鲫	71～93	1.87～2.62	15
		磺胺嘧啶	罗氏沼虾	83.51～94.42	1.0～1.64	0.05
		复方磺胺嘧啶	罗非鱼	58～85	<10	10
		磺胺间甲氧嘧啶	罗非鱼	42.33～97.73	<2	30
杀虫剂	三嗪类抗寄生虫药	地克珠利	斑点叉尾鮰	70.31～93.49	0.81－8.55	25
		盐酸氯苯胍及其代谢物	黄颡鱼、中华鳖等	61.7～104.6	0.97～9.8	25
	咪唑类抗寄生虫药	阿苯达唑等	中华鳖	87.37～94.31	1.19～1.90	50
	大环内酯类杀虫剂	阿维菌素、伊维菌素	草鱼、斑点叉尾鮰等	71.6～112.8	4.7～13.1	2
		阿维菌素	鲫	89.65～110.67	3.73～8.75	0.05
消毒剂/环境改良剂		溴氯海因	淡水虾	88.17～96.58	1.40～2.63	0.05
		三氯异氰脲酸	中华鳖	78.7～97.2	—	0.01
		氯硝柳胺	鳗、中华鳖	76.4～95.6	≤9.54	0.2

2. 免疫学检测方法

（1）ELISA 方法　ELISA 方法是以抗原与抗体的特异性、可逆性结合反应为基础的分析技术。抗原抗体的亲和常数通常为 10^9 或更高。ELISA 法灵敏度高（检测限可达纳克水平）、快速（可以同时检测数十甚至上百个样）、简便、快捷（几十分钟至2h）、成本低，适于现场大批量样品筛选，是一种非常适合于在半实验室或非实验室条件下检测动物可食用组织中药物残留的方法。目前几乎所有重要的兽药均已建立或正在试图建立利用 ELISA 检测残留的方法等。以氟喹诺酮类药物（QNs）为例，其残留的 ELISA 常见检测方法的报道见表 6-4，主要喹诺酮类抗体见表 6-5。

表 6-4　利用免疫学方法检测喹诺酮类药物残留

药物	抗体		检测方法学参数			
	类型	IC_{50}（μg/kg）	最低检测限（μg/kg）	回收率（%）	变异系数（%）	与其他 QNs 类药物的交叉反应率（%）
恩诺沙星（Enrofloxacin, ENR）	单抗	7.3	1~10	72.4~84	—	—
	单抗	21.76	0.13	—	—	37.41~110.84
	多抗	17.78	—	—	—	<1.06
	多抗	—	0.32	75.58~84.3	5.81~11.23	44.6~69.8
CIP	多抗	—	0.05	>57.06	<9.736	<0.1
	多抗	1	—	15~48	—	—
氟甲喹	多抗	90	—	—	—	<0.1
沙拉沙星（Sarafloxacin, SAR）	单抗	7.3~48.3	2	78~132	批内：11；批间：10.8	—
诺氟沙星（Norfloxacin, NOR）	多抗	—	—	81.11~107.40	8.86~9.53	3.306~8.884
	多抗	—	4.6	82.06	小于 10	—
	多抗	0.082	—	81.11~107.4	8.33	—

（续）

药物	抗体		最低检测限 (μg/kg)	检测方法学参数		
	类型	IC_{50} (μg/kg)		回收率 (%)	变异系数 (%)	与其他 QNs 类药物的交叉反应率 (%)
双氟沙星 (Difloxacin, DIF)	单抗	63~168	2~4	—	—	<10.9
达氟沙星 (Danofloxacin, DAN)	多抗	119.21	1.14	71.7~92.85	—	—
	多抗	2	0.8	84~109.6	1.4~17.5	20.6~21.7
培氟沙星 (Pefloxacin, PEF)	多抗	—	0.8	104.41	3.81~6.25	22.7~56.78
	多抗	6.7	0.4	92.2~103.8	3.3~10.4	<1
洛美沙星 (Lomefloxacin, LOM)	多抗	0.35	0.075	80.1~145.2	4.2~26.91	<1
氧氟沙星 (Ofloxacin, OFL)	多抗	180.32	0.85	71.7~92.85	—	—

利用免疫方法测定渔药小分子化合物残留，除了遵循一般的免疫学原理外，还需遵循其自身的特点：①化学渔药属于小分子化合物，没有免疫原性，不能直接免疫动物产生特异性抗体，必须与相关的载体结合后形成完全抗原后才具有免疫原性；②化学渔药作为半抗原，虽然没有免疫原性，但具有反应原性，可以在体外定量分析；③抗原-抗体的免疫分析需要引入标记物；④由于化学渔药分子质量小，难以采用夹心法，一般采用竞争法。

表 6-5 喹诺酮类抗体的效价

序号	药物名称	抗体类型	抗体效价
1	ENR	单抗	1∶3 200～1∶6 400
		多抗	1∶1 280 000
		多抗	1∶16（琼脂双扩）
2	CIP	多抗	1∶1 024 000
		多抗	1∶3 200
3	NOR	多抗	1∶256 000
		多抗	64 000
4	DIF	单抗	1∶3 200～1∶12 800
		多抗	1∶5 120 000
5	DAN	多抗	＞1∶250 000
		多抗	＞1∶20 000
6	PEF	多抗	＞1∶1 024 000
7	LOM	多抗	＞1∶1 024 000
8	OFL	多抗	1∶5 120 000

（2）胶体金检测法 胶体金技术是继荧光标记、酶标记和放射性免疫标记之后的一种常见的标记技术。与其他快速诊断技术相比，胶体金技术具有操作简单、特异性强、不需要特殊设备、结果判断直观等优点。

胶体金免疫层析法（colloidal gold-enhanced immunochromatography assay，GICA）快速诊断试纸条是在胶体金标记技术、免疫检测技术、层析分析技术、单克隆抗体技术和新材料技术基础上发展起来的一种新型检测技术，主要利用金颗粒具有高吸附性这一特点，将金颗粒通过物理吸附标记在蛋白分子上，当这些标记物在相应的配位处大量聚集时，就会显现出肉眼可见的红色或者粉红色斑点，在渔药等小分子药物残留快速检测方面显现出极大的优势，因此可以用于定性或者半定量的快速检测。

胶体金免疫层析法结果判定的方法为：当 C 区有颜色而 T 区没有颜色时判断为阳性，以"＋"表示；当 C 区有颜色而 T 区有颜色时判断为阴性，以"－"表示；当 C 区没有颜色时判断为无效。以 CIP 为例，随着样品浓度的下降，试纸条上的检测线（T）上逐渐出现红色的条带。在环丙沙星添加量为 10ng/mL 时条带已经较为明显，因此判定环丙沙星胶体金的最低检测限为 10ng/mL（图 6-1）。

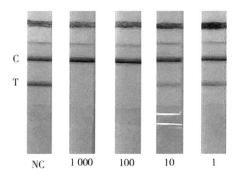

图 6-1 环丙沙星的最低检测限（ng/mL）

3. 微生物检测方法 利用微生物的生长代谢使培养基酸化，加入适当的显色剂可以间接通过微生物是否受到抑制来判断渔药残留，例如苯酚红、氯化三苯四氮唑（triphenyl tetrazolium chloride，TTC）就是典型的显色剂。其中，微生物代谢过程中产生的氢能将无色的氧化型 TTC 还原成红色的还原性 TTC；苯酚红是一种偏酸性环境（pH 范围 6.8～8.4）的 pH 指示剂，相比苯酚红显色培养基的红黄色系，TTC 显色培养基的无色/红色差异更容易凭肉眼鉴别（图 6-2）。

微生物显色法快速、便捷、易于判定且对环境条件依赖度低，是一种简便、可靠的初筛鉴别方法，适合于在生产、销售、流通等非实验室条件下应用，是 ELISA、HPLC 等方法的一种有益的补充。

利用微生物法检测不同种类的药物残留，指示菌株往往亦不相同，如：表皮葡萄球菌用来测定新霉素和庆大霉素残留；藤黄八叠球菌被当作指示菌株测定氨苄青霉素和苯唑青霉素等。

以喹诺酮类药物残留微生物发检测为例，挪威公布了以大肠杆菌（ATCC11303）作为指示菌测定鱼肝等组织中沙拉沙星、氟甲喹的测定方法。利用藤黄八叠球菌抑菌圈测定诺氟沙星、环丙沙星，在组织中的最低检测限分别可以达到 $120\sim300\mu g/kg$ 和 $25\sim75\mu g/kg$。采用喹诺酮类试剂盒测定药物敏感菌的抑菌圈，测定恩诺沙星残留的灵敏度达到 $40\mu g/kg$。以藤黄八叠球菌为指示菌株测定恩诺沙星残留，检测限可达 $50\mu g/kg$，符合我国政府的规定的水产品中恩诺沙星残留限量要求（图 6-2）。

a为对照组，b为藤黄八叠球菌

a为对照组，c为大肠杆菌

a为对照组，d为枯草芽孢杆菌

a为对照组，e为嗜热脂肪芽孢杆菌

a为对照组，f为荧光假单胞菌

a为对照组，b为藤黄八叠球菌

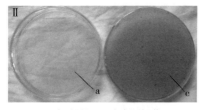

a为对照组，c为大肠杆菌

a为对照组，d为枯草芽孢杆菌

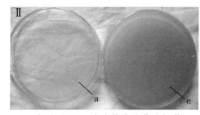

a为对照组，e为嗜热脂肪芽孢杆菌

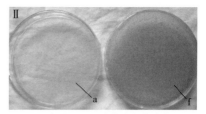

a为对照组，f为荧光假单胞菌

图 6-2　加入显色剂的微生物培养平板

注：Ⅰ为苯酚红显色培养基，Ⅱ为 TTC 显色培养基

第二节　渔药的休药期的制定及残留风险预测

一、渔药休药期的制定

渔药在水产动物体内的变化可从体内过程和速率过程来描述，体内过程指渔药在水产动物体内的吸收、分布、转化、排泄（ADMA）规律及影响这个过程的因素，由此可以了解渔药的起效时间、效应强度和持续时间，了解渔药在体内的变化规律；速率过程是一个动力学过程，定量地描述渔药在水产动物体内的动态变

化，由此可绘制相应的曲线，选取适当的模型，以及建立准确的数学方程，获得一些重要的药动学参数，为制订和调整用药方案、制定休药期提供重要依据。

针对四环素类、喹诺酮类等商品化渔药，根据其在水产动物体内残留消除规律，制定了休药期（表 6-6），这是消除渔药残留风险最重要的保障。

表 6-6 已经制定休药期的商品化渔药（截至 2019 年 6 月）

序号	名称	休药期（℃·d）
1	硫酸新霉素粉（水产用）	500
2	盐酸多西环素粉（水产用）	750
3	甲砜霉素粉	500
4	氟苯尼考粉	375
5	氟苯尼考注射液	375
6	恩诺沙星粉（水产用）	500
7	氟甲喹粉	175
8	维生素 C 磷酸酯镁盐酸环丙沙星预混剂	500
9	复方磺胺二甲嘧啶粉（水产用）	500
10	复方磺胺甲噁唑粉（水产用）	500
11	复方磺胺嘧啶粉（水产用）	500
12	磺胺间甲氧嘧啶钠粉（水产用）	500
13	复方甲霜灵粉	240
14	复方甲苯咪唑粉	150
15	阿苯达唑粉（水产用）	500
16	吡喹酮预混剂（水产用）	500
17	敌百虫溶液（水产用）	500
18	地克珠利预混剂（水产用）	500
19	甲苯咪唑溶液（水产用）	500
20	精制敌百虫粉（水产用）	500
21	氰戊菊酯溶液（水产用）	500
22	溴氰菊酯溶液（水产用）	500

（续）

序号	名称	休药期（℃·d）
23	盐酸氯苯胍粉（水产用）	500
24	辛硫磷溶液（水产用）	500
25	复方甲霜灵粉	240
26	聚维酮碘溶液（水产用）	500
27	氯硝柳胺粉（水产用）	500

二、渔药使用状况数据库及风险要素分析

1. 渔药使用状况调查及数据库的建立 针对水产养殖实践环节的渔药风险，开展渔药使用状况调查及风险要素分析能最大限度地了解渔药的实际使用状况。

针对我国水产养殖模式特点，公益性行业（农业）科研专项"渔药使用风险评估及其控制技术研究与示范"（201203085）建立了《渔药使用状况调查技术规范》（以下简称《技术规范》），《技术规范》规定了渔药使用状况调查的技术要求，适用于水产养殖过程中以预防、治疗病害为目的的渔药使用状况的现况调查和追踪调查。《技术规范》规定了渔药、制剂、抗菌药物、抗寄生虫药物、环境改良及消毒类药物、生殖及代谢调节药物、中草药、疫苗、休药期、耐药性等概念在渔药使用状况调查中的内涵；对渔药使用状况调查过程中关于调查点、调查方法及调查数据的上报及归类整理进行了规定；设计了"渔药使用状况调查点基本情况登记表"（表6-7），并制定了数据录入归类。

表6-7　渔药使用状况调查点基本情况登记表

地区：_____

被调查单位/个人信息	单位名称/姓名：_____联系电话：_____
用药时间	____年__月__日~__月__日；□上午 □中午 □下午 □晚间 天气：□晴 □雨 □多云/阴 □雪 □其他：_____ 气温：_____℃ 水温：_____℃

（续）

给药养殖品种	
养殖模式	□池塘养殖　□大水面养殖　□网箱养殖　□稻田养殖 □工厂化养殖
用药时养殖密度	＿＿＿ kg/m²
养殖面积	＿＿＿ m²
投饲种类	□配合饲料　□活（冰）鲜饲料　□其他
用药前、后水体状况	pH：＿＿＿～＿＿＿ 溶氧量（mg/L）：＿＿＿～＿＿＿；氨氮（mg/L）：＿＿＿～＿＿＿； 亚硝酸盐（mg/L）：＿＿＿～＿＿＿ 水色：□绿色□棕色□黄色□无色□其他：＿＿＿
用药目的	□预防　　□治疗 具体描述：＿＿＿＿＿
使用药物相关信息	药物名称：＿＿＿＿＿；主要成分及其含量：＿＿＿＿＿；批号：＿＿＿＿＿ 生产厂家：＿＿＿＿＿
药物获得方式	□购买自药店　□厂家直销　□购买自经销商　□获赠其他
用法用量	用药方式：□饲料拌食　□泼洒　□浸泡　□注射 □其他：＿＿＿＿＿ 用药剂量：＿＿＿ mg/kg；用药次数：＿＿＿次；疗程：＿＿＿
配合用药措施	
用药效果描述	□有效　　□无效　　□不确定　　□有毒副作用 □其他：＿＿＿＿＿
休药期（d·℃）	
是否有耐药性现象	□有（严重、中度、轻度）　□无　□不确定
其他需要说明的情况	

调查人员签字：＿＿＿时间：＿＿＿＿＿

2012—2016 年间，在华东、东北、华南、华中淡水主养区以及南方海水主养区，按照《技术规范》的要求开展了我国首次系统的渔药使用状况调查，对主要渔药的种类（抗菌剂、杀虫剂、消毒剂）、总量、剂型（水剂、粉剂、颗粒剂、注射剂等）、用法与用量、使用频率、效果等进行设点调查。

依据获取的调查数据初步进行了数据库框架的设计，初步建立了区域性的渔药使用状况数据库。数据库统计渔药基础数据和使用状况，以此为基础进行渔药使用风险评估。数据库包含6个子数据库：①企业基础数据库（含养殖场、药厂和药店）；②渔药法规数据库；③渔药使用调查数据库；④渔药药代动力学数据库；⑤养殖区耐药性监测数据库；⑥渔药残留监测数据库。

数据库系统的逻辑结构主要依靠三层架构进行搭建，包括"表现层-业务逻辑层-数据访问层"三层架构。数据访问层（DAL）主要用来实现与数据库的交换；业务逻辑层（BLL）包含各种业务规则和逻辑的实现；表现层（UI）是与用户直接接触的一层。

2. 渔药风险要素分析及预警　渔药风险要素评价主要有以下三种，用暴露量（EDI）与每日允许摄入量（ADI）或参考剂量（RfD）相比较，或用风险熵值进行计算和描述，或用食品安全指标进行计算和描述；对遗传性致癌物风险评价往往采用FAO/WHO的食品添加剂联合专家委员会（JECFA）推荐的暴露限值（MOE）方法。

（1）以 ADI 为指标的风险评价　当 $EDI \leqslant ADI$ 或者 RfD 时，该人群为"不太可能有健康危险者"；当 $EDI \geqslant ADI$ 或者 RfD 时，该人群为"有可能有健康危险者"。

根据甲砜霉素最高用药剂量 50mg/kg 和恩诺沙星最高用药剂量 40mg/kg（以体质量计），连续投喂虹鳟 5d，停药后 25d 内，甲砜霉素和恩诺沙星在虹鳟肝脏及肌肉中的蓄积量逐渐降低，用 @RISK7对蓄积量数据进行计算，结果表明两种渔药在使用时是安全的。

（2）以风险熵值为指标的风险评价　风险熵值（HQ）是 EDI 和 ADI 的比值，也可以用风险熵值进行风险描述，当 $HQ > 1$ 时，表明存在风险，比值越大，风险越大；当 $HQ < 1$ 时，表示没有风险。

敌百虫使用后，血液和组织中的 EDI 均在第 5 天时为最高，血液、肌肉和肝脏的暴露量均低于 ADI，各采样时间点的 HQ 远小于 1。用@RISK7 对第 5 天数据分析，结果表明 HQ 值均小于 1，因此敌百虫的使用对水产品的食品安全没有影响。

（3）以食品安全风险指数为标准的风险评价　食品安全指数（IFSc），是以指数形式反映食品安全情况信息。食品安全风险指数，是由不同种类的食品安全指数构成的统一体系。食品安全指数主要有食品安全公开指数与监管指数、食品安全风险指数与安全指数、食品安全综合指数与专门指数、食品质量安全指数与食品数量安全指数。当 IFSc 远小于 1 时，表明整体状态安全；当 IFSc 在 1 左右时，表明整体状态可接受或渔药对水产品安全影响的风险可接受；当 IFSc 大于 1 时，表明整体状态不可接受或渔药对水产品安全影响的风险超过了可接受的限度。

食品安全风险指数的评估阈值分别为甲砜霉素和恩诺沙星的最高残留限量，在评估时采用了动物组织中的标准，即 0.05mg/kg。甲砜霉素和恩诺沙星使用后，动物肌肉和肝脏的风险指数峰值出现在同一天时，食品安全指数均远小于 1，甲砜霉素和恩诺沙星使用后对水产品的食品安全没有影响。

（4）以暴露限值为标准的风险评价　暴露限值是一个商数，计算方法是把某个物质可引致动物产生不良反应的剂量，除以一般人对有关物质的摄取量。该物质引致不良反应的剂量与一般人的摄取量越接近，暴露限值便越低，代表对公众健康的影响越大，JECFA 制定的健康风险边界的 MOE 为10 000，利用该方法评价了以孔雀石绿和硝基呋喃为代表的禁用药物的风险。

在知网数据库中检索 2006—2015 年间全部涉及水产品中孔雀石绿残留检测的期刊和学位论文，抽取全国 27 个市、1 697 份水产品的检测数据，涉及鱼、虾、蟹等我国重要水产养殖品种，其中某地高达到 68μg/kg，已非常接近健康风险边界。当暴露水平达到健康风险的边缘，即 MOE 为10 000时，一个体重 60kg 的成年人，每天摄入 1kg 的水产品，水产品中的孔雀石绿需达到 120μg/kg 才达到风险边缘。

在知网数据库中检索 2003—2015 年间全部涉及水产品中硝基呋喃残留检测的期刊和学位论文，从中抽取 35 个市 1 799 份水产品，共有 323 份检出残留，检出率为 17.95％。在这 13 年间，虽然国家层面打击非法用药的力度不断加大，但水产品中硝基呋喃的含量总体趋势并未减少，平均残留量由 2003 年的 7.849μg/kg 到 2010 年的 2.105μg/kg，再到 2014 年的 10.960μg/kg。

三、渔药残留风险的预测

对水产品中渔药残留风险进行分析评估是建立水产品质量安全追溯体系、保障质量安全的技术关键。药物代谢残留预测技术是利用药物代谢动力学原理，用数学语言描述药物及其代谢物在食品动物体内残留消除的一种方法。通过获取一些容易获得的信息就能准确地预测不同暴露情况下药物及其代谢物在食品动物可食组织中的残留量，并且还能分析个体差异对预测结果的影响。对于渔药残留风险的预测包括利用比例化剂量反应关系溯源分析残留风险和基于生理药动学模型等预测方法。

1. 利用比例化剂量反应关系溯源分析残留风险　比例化剂量反应关系（dose proportionality，DP）是指药物的药峰浓度（C_{max}）或进入体循环的药量（用血药浓度-时间曲线下面积 AUC 表示）的变化与给药的剂量呈正比例关系。当药物具有 DP 时，可准确地预测该药物在某一剂量范围内的残留消除过程，为药物的安全使用提供依据。对于非线性药物，DP 能作为定量评价其偏离线性的程度的工具。DP 的评价方法均有很多种，如假设检验方法（hypothesis test）、可信区间法（confidence interval criteria）等。评价方法不同，得出的结果也不尽相同。目前，关于药物代谢的 DP 研究主要集中于人医药物的安全使用评估中。

DP 研究可以定量评价药代动力学参数和剂量之间的关系，据此可在一定的范围内由药物残留逆向推算养殖过程中药物的摄入/给药剂量等参数。该方法在分析药代动力学参数的基础上通过数学模型分析，可充分挖掘原有参数的潜在应用价值。该方法为水产动物药物残留风险分析和评估提供了一种新工具，可为建立水产品药物安全追溯体系提供重要的技术支撑。

在幂函数模型的基础上分别利用假设检验法和可信区间法对环丙沙星在尼罗罗非鱼血浆、肠道、肌肉和肝脏等组织中是否存在比例化剂量反应关系进行了判定和分析。实验结果表明：在 $20\sim80\text{mg/kg}$ 的剂量范围内，环丙沙星在尼罗罗非鱼肠道、血浆和肌肉组织中不呈现比例化剂量反应关系；而在肝脏组织中呈现比例化剂量反应关系。对于肝脏组织，曲线下面积-剂量（AUC-D）数据拟合结果理想，幂函数方程为 $AUC=0.162D^{1.409}$，相关系数为 0.901。实验结果提示尼罗罗非鱼肝脏组织可作为环丙沙星残留溯源分析的候选靶器官；通过定量推测偏差，基于幂函数模型的比例化剂量反应关系研究方法可作为其组织中药物残留溯源分析的技术手段（表6-8）。

表6-8　不同评价方法中的幂函数模型判定 DP

组织	评价方法	参数	90%置信区间 ($L\sim H$)	下限	上限	DP是否成立
肠道	假设检验方法	$\beta: 0.37\pm0.05$	$0.28\sim0.45$	—	—	否
	利用可信区间法			0.83	1.16	否
肝脏	假设检验方法	$\beta: 1.11\pm0.18$	$0.89\sim1.04$	—	—	是
	利用可信区间			0.83	1.16	是
血浆	假设检验方法	$\beta: 0.63\pm0.05$	$0.54\sim0.72$	—	—	否
	利用可信区间法			0.83	1.16	否
肌肉	假设检验方法	$\beta: 0.61\pm0.06$	$0.50\sim0.71$	—	—	否
	利用可信区间法			0.83	1.16	否

注：L 和 H 分别为最低和最高给药剂量。

药物在动物体内的吸收、分布和消除过程涉及大量的酶及转运蛋白，也与动物自身的生理状态有关，是一个非常复杂的过程。这是不同的药物在不同的动物及不同的组织中可能呈现或不呈现 DP 的直接原因。当药物具有 DP 特征时，很容易预测药物在该剂量范围内的代谢特征，为安全用药提供依据。而呈非线性特征的药物通常治疗窗比较小，如饱和吸收的药物；同时，剂量增加导致血药浓度升高过快，增加不良反应的风险。对其评价 DP，除了定性评价外，还应评价其偏离线性的程度。

DP 评价的方法多种多样，不同的评价方法得出的结论也可能不尽相同。常见的评价方法包括假设检验法、可信区间法等。前者以 DP 成立作为无效假设，不成立作为备择假设；后者将分类变量的剂量作为连续变量，不仅能判断 DP 是否成立，还可确定这种关系成立的最大剂量比和呈现非比例化的最小剂量比，因此可以预测研究剂量范围外的药物动力学（PK）参数变化。在利用可信区间法时，θ_L、θ_H 应用平均生物等效性通常被定义为 $0.8 \sim 1.25$ 的标准，超过研究的剂量范围外推时，需慎重考虑。

幂函数模型（$Y = \alpha \cdot D^{\beta}$）是应用于假设检验法、可信区间法中的一种数学模型，通过对总体的回归参数进行检验，其结论是针对研究的整个剂量范围，并可估计此范围外的 PK 参数变化。与其他回归模型比较，幂函数剂量反应关系不成立时，仍可定量评价其偏离程度。幂函数模型因较适合对 PK 模型进行判断和估计线性的偏离程度而被广泛应用。

2. 生理药动学模型预测残留风险　　生理药动学模型是在生理学、解剖学、生物化学和药物代谢动力学等研究的基础上，利用质量平衡方程描述化合物体内处置的数学模型（physiologically based parmacokinetic model，PBPK）。PBPK 模型结构中各个房室代表的是具有生物学意义的组织或器官，因而其能够预测食品动物可食组织中的药物残留。药物剂量、暴露方式和暴露时间等信息可以通过特定的暴露模块整合到 PBPK 模型中，从而预测药物残留风险。另外，PBPK 模型具有弥补种属间、化合物间、组织间差异及不同暴露方式间外推的能力。

第三节　小分子标识物预警技术

通过建立小分子标识物，探索建立基于药物酶、转运体及药物受体预警渔药风险的技术体系。

一、基于渔药代谢酶的预警技术

药物在体内的生物转化主要是通过药物代谢酶起作用的。国外对于药物酶研究大多针对虹鳟，主要涉及环境污染物毒理学和环境污染的监测。基于药物代谢酶细胞诱导模型成为评价渔药风险的一个重要、有效的技术手段。

以恩诺沙星为代表药物，以异育银鲫、凡纳滨对虾和拟穴青蟹为代表动物。

（1）探讨了恩诺沙星在动物体内体外代谢的多样性：恩诺沙星在鲫和对虾体外肝微粒体内的代谢过程主要是 N-脱乙基反应，而在三种动物体内除此之外，还分别有葡萄糖醛酸结合反应（鲫）、还原反应（对虾）、羟基化反应和氧化反应（青蟹）；恩诺沙星在水产动物体内代谢生成环丙沙星的量很少，所起药效甚微，这与畜禽动物明显不同。

（2）明确了黄芩等 7 种药物对拟穴青蟹细胞色素蛋白（CYP）1A、异育银鲫 CYP1A 和 CYP3A 的抑制作用，以及氟甲喹等 4 种药物对恩诺沙星在鲫体内代谢的诱导作用。

（3）深入了解渔药之间的相互作用，β-萘黄酮、黄芩苷、甘草酸和利福平等 4 种药物均能促进恩诺沙星和其代谢产物环丙沙星在鲫体内的消除，但 β-萘黄酮、黄芩苷和甘草酸减少了鲫对恩诺沙星的吸收，CYP3A 在恩诺沙星代谢生成环丙沙星中起着主要作用。

（4）探讨了异育银鲫 P450 药酶的诱导或抑制机制。氟甲喹对鲫肝 CYP1A 的诱导是在翻译后水平，可能是加强蛋白的稳定性；恩诺沙星对鲫 CYP1A 的抑制首先发生在体内表达水平，然后抑制其药酶活性，而对 CYP3A 的抑制除了在表达水平外，还表现为机理性抑制。

基于渔药代谢酶的预警技术探明了水产动物药物代谢的种属差异性，渔药与细胞色素 P450 药酶、渔药与渔药的相互作用揭示了渔药在不同种属水产动物体内的代谢规律和本质，为药物联合使用、药物残留的监控管理提供了理论依据。

二、基于受体的渔药安全使用评价技术

受体是药物作用的最主要的靶点，γ-氨基丁酸（GABA）受体是动物神经系统主要的抑制性神经递质 GABA 的受体，其除了是各种有机氯类、阿维菌素类及氟虫腈等杀虫剂的作用靶标外，也是氟喹诺酮类杀菌药物的药物受体。

GABA 受体广泛分布于异育银鲫的脑、肝、肾、心、肠和性腺等组织中，且在脑组织中表达量最高，表现出组织特异性。经克隆获得异育银鲫 $GABA_BR1$ 基因 CDS 区序列 383bp，编码 127 个氨基酸。$GABA_BR1$ 基因在异育银鲫脑、肝、肾、心、肠、鳔、鳃、肌肉、尾鳍、脾、卵巢、精巢组织中均有表达，且在不同组织中的表达水平由高到低依次是：脑＞尾鳍＞精巢＞心、肠、鳔＞卵巢、脾、鳃、肌＞肝、肾。本研究证实了 $GABA_BR1$ 基因在异育银鲫各组织中表达的广泛性，且有明显的组织特异性。

经逆转录-聚合酶链式反应检测显示，$GABA_ARb2a$ 和 $GABA_A$ $Rb2b$ 基因在大脑和神经末梢器官两个部位有表达。此外，$GABA_A$ Rb2a 以及 GABA-T 等物质大多数主要在脑、神经末梢组织分泌出来。不同组织的 GABA 表达情况随体重变化而不同。

在分类地位上，异育银鲫 GABA A 受体 γ2 亚基与斑马鱼亲缘关系最近，GABA A 受体 α1 亚单位与斑马鱼的 GABA A 受体 α1 亚单位具有高度一致性。

基于 GABA A 受体的研究结果表明，阿维菌素和双氟沙星用药后，异育银鲫体内 A 受体 β2 亚基的表达产生下调影响，且阿维菌素用药后产生的呼吸抑制可能与阿维菌素极显著下调延脑（鱼类呼吸中枢）β2a 和 β2b 亚基 mRNA 表达有关，而双氟沙星导致异育银鲫产生神经毒性的机制可能是通过对 β2b 亚基来实现的。此外，研究发现阿维菌素、双氟沙星对异育银鲫体内与 GABA 代谢相关的两种酶——谷氨酸脱氢酶及 GABA 转氨酶亦能产生影响。

三、基于转运体的渔药风险评估技术

P糖蛋白（P-glycoprotein，P-gp）作为一种跨膜糖蛋白，是一种典型的药物外排泵，具有介导药物外排的功能。药物转运体是位于细胞膜上的功能性膜蛋白，在药物吸收、分布、代谢及排泄的动力学过程中发挥重要作用。介导药物外排的转运体主要是P糖蛋白。科研人员研究发现，恩诺沙星、诺氟沙星是转运体P糖蛋白的底物，而且其能使P糖蛋白的基因表达增加。除此之外还发现，异噻唑啉酮、吡硫锌也能增加P糖蛋白mRNA和蛋白的表达。

尼罗罗非鱼肝脏、肠道组织中P糖蛋白的表达参与了恩诺沙星在其体内的代谢过程，P糖蛋白功能基因表达跟恩诺沙星浓度有关（图6-3）。

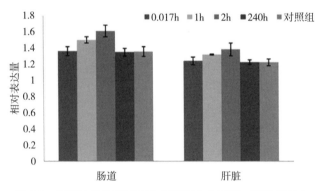

图6-3 恩诺沙星代谢过程中尼罗罗非鱼肠道、肝脏组织中
的 *P-gp* 基因表达的差异性分析

壳聚糖能通过抑制草鱼肠道中P糖蛋白的表达而提高恩诺沙星在鱼体内的相对生物利用度。

除此之外，P糖蛋白的表达还与某些化合物（如异噻唑啉酮）对草鱼的毒性相关联，而且温度升高可能会抑制P糖蛋白的表达。异噻唑啉对于草鱼48h半致死浓度在15℃和25℃时分别为（0.53±0.17）mg/L和（0.41±0.08）mg/L。半致死浓度值随着

温度升高而降低。异噻唑啉在高温（25℃）组中的积累明显高于低温（15℃）组。温度对异噻唑啉的积累和毒性具有影响（表6-9）。

表6-9　不同温度条件下异噻唑啉对草鱼的急性毒性

温度（℃）	半致死浓度 LC_{50}（95％置信区间，mg/L）	
	48h	96h
15	0.53 ± 0.17	0.31 ± 0.11
25	0.41 ± 0.08	0.22 ± 0.09

第四节　新型绿色渔药的创制

新型渔药及其制剂的研究和创制是推动渔药发展的手段。渔药的研究与创制应涉及药效学研究、药动学与生物有效性研究、毒理学研究、临床试验研究以及药物相互作用的研究等内容。从药物种类来看，主要包括禁用药物孔雀石绿的替代药物制剂、中草药和微生态制剂的创制等方面的内容。

一、禁用药物孔雀石绿替代制剂的研究与创制

水霉病是水产养殖中一类由丝状真菌引起的疾病的统称，在全国各地均有流行会造成巨大的经济损失。长期以来在生产中，人们一直以孔雀石绿治疗该病，但由于该药具有"三致"风险、高毒性、高残留等问题，2002年农业部就将其列入《食品动物禁用的兽药及其它化合物清单》。孔雀石绿的禁用为水霉病的防治带来了技术真空。近年来，孔雀石绿屡禁不止，严重威胁水产品质量安全的局面，引发了政府、公众和媒体的高度关注。2017年，孔雀石绿替代制剂——复方甲霜灵粉获得中华人民共和国新兽药注册证书【（2017）新兽药证书18号】，从技术源头上彻底解决了孔雀石绿被禁用后鱼类水霉病防治"无药可用"的问题。

1. 水霉病及其流行　水霉是一种真菌性病原，能感染鱼卵和成鱼。水霉对温度、pH和盐度适应较强，在我国主要淡水鱼类

养殖区均有分布。可利用核糖体 rDNA 内部转录间隔区序列分析法对水霉菌进行分型，聚丙烯凝胶电泳法可用来分析水霉菌的蛋白。水霉细胞表面的生物膜可影响水霉的生活史，也受到环境的影响。水霉菌还存在某些毒力因子，如含有 $SpHtp1$ 基因的菌株在分类地位上均隶属于寄生水霉。$SpHtp1$ 特异性地存在于寄生水霉中。

2. 水霉病疾病模型的建立和高通量抗水霉活性物质筛选模型的建立 对我国主要水产养殖区水霉资源进行收集、整理和整合，共保存 68 株水霉菌，以多子水霉、寄生水霉和南方水霉为主，含 2 株 ATCC 模式水霉菌株（图 6-4）。

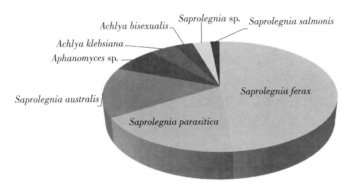

图 6-4 水霉种质资源库构成

通过变温、创伤和水霉浸泡的方式对草鱼进行水霉病的人工感染，结果表明任何一个单一条件都无法获得成功，说明任何一个单一条件都不是水霉病人工感染的充分条件，或者说鱼类水霉病的产生可能是由于养殖环境中多个条件变化导致的结果。对利用变温、创伤和水霉浸泡三个条件进行水霉病人工感染的方法可靠性进行 F 检验，结果显示各重复次数间差异不显著，该方法具有良好的重现性，方法可靠。

为筛选对水霉具有良好抑制作用的药物，建立了抗水霉药物筛选药库，该药库包括消毒剂、表面活性剂、农药杀菌剂、除草剂、工业防腐防霉剂、荧光增白剂、抗生素、除藻剂、中草药等化学物质以及顽固菌等 11 大类，共 1 010 种（图 6-5）。

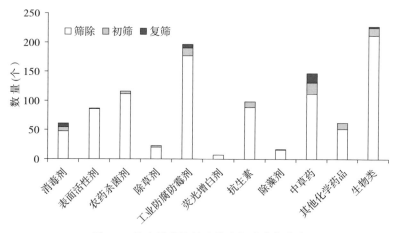

图 6-5　抗水霉药物筛选药库候选药物种类

在所筛选的抑制水霉化合物中，甲霜灵对水产养殖动物及环境安全，且对水霉的菌丝和孢子均具有较好的体外抑制或杀灭作用（表 6-10）。

表 6-10　甲霜灵及其参照药物对水霉的体外抑制作用

药物	菌株 XJ		菌株 ATCC200013	
	对菌丝 MIC (mg/L)	对孢子 MIC (mg/L)	对菌丝 MIC (mg/L)	对孢子 MIC (mg/L)
甲霜灵	5	1	5	1
五水硫酸铜	＞100	41.7	＞100	41.7
孔雀石绿	0.50	0.25	0.50	0.25

3. 复方制剂的创制　确定复方甲霜灵粉的组方，包括甲霜灵（45％）、硫酸亚铁（25％）、硫酸钠（20％）和滑石粉（10％）。复方甲霜灵粉对草鱼、鲫的 96h 半数致死浓度（LC_{50}）分别为 469.65mg/L 和 489.49mg/L。

在推荐剂量组、2 倍推荐剂量组、4 倍推荐剂量组浸泡草鱼试验过程中，受试鱼健康状况良好，无中毒及死亡现象。鱼体无外伤、呼吸正常、行为活动正常，与对照组无明显差异，96h后受试鱼血清中血钙、总胆固醇、甘油三酯等参数与对照组无显著性差异；剖检与组织病理学检查表明，受试鱼体表光滑，鳃片及各脏器的颜色、形态均正常，试验组与对照组无细胞和组织结构上的异常。

生态毒性测试表明，复方甲霜灵粉预测无效应浓度（PNEC）为90.75mg/L。相对独立的大水体（如池塘、湖泊和水库等）中复方甲霜灵粉（美婷）为泼洒用药（0.3mg/L），则PNEC为0.9mg/L；相对独立的小水体中复方甲霜灵粉（美婷）为浸泡用药（20mg/L），则PNEC为60mg/L。结果表明复方甲霜灵粉（美婷）对环境危害性较小。

4. 活性成检测方法及标准化研究　确定了利用高效液相色谱法检测甲霜灵的方法。按照信噪比$S/N > 3$，最低检出限可达$20\mu g/kg$；按照信噪比$S/N > 10$，定量限可达$30\mu g/kg$。在$30 \sim 100\mu g/kg$添加浓度范围内回收率可达$68.4\% \sim 78.9\%$；批内、批间相对标准偏差均$\leqslant 15\%$。本方法中甲霜灵的浓度线性范围选定为$0.05 \sim 0.5\mu g/mL$。

5. 残留检测与限量标准的研究与制定　对甲霜灵在动物体内的4种主要代谢物，即N-（2，6-二甲苯基）-N-（羟乙酰基）丙氨酸（Me1）、N-（2-羟甲基-6-苯甲基）-N-（甲氧乙酰基）丙氨酸甲酯（Me2）、N-（2-羧基-6-苯甲基）-N-（甲氧乙酰基）丙氨酸（Me3）和N-（3-羟基-2，6-二甲基苯）-N-（甲氧基乙酰）-丙氨酸（Me4）进行人工合成，并进行了纯度鉴定（图6-6至图6-9）。

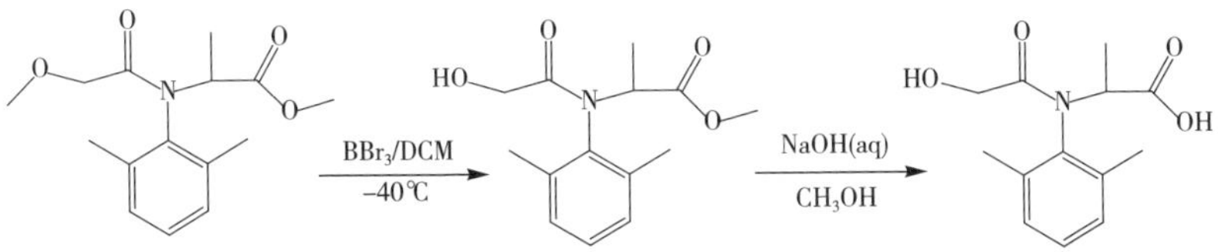

图6-6　N-（2，6-二甲苯基）-N-（羟乙酰基）丙氨酸的合成路线

图 6-7　*N*-（2-羟甲基-6-苯甲基）-*N*-（甲氧乙酰基）丙氨酸甲酯合成路线

图 6-8　*N*-（2-羧基-6-苯甲基）-*N*-（甲氧乙酰基）丙氨酸合成路线

图 6-9　*N*-（3-羟基-2，6-二甲基苯基）-*N*-（甲氧乙酰基）-丙氨酸合成路线

残留试验确认甲霜灵在鱼体内的残留标识物为其原型药。通过最大无作用剂量（NOEL）和每日允许摄入量（ADI）的推算，制定了甲霜灵在水产品中的最大残留限量（MRL），为 0.05mg/kg。通过分析甲霜灵在草鱼组织中的残留消除规律和分布特征，制定了其休药期，为 240℃·d（表 6-11）。

表 6-11　不同组织中主要残留消除参数

组织	药物种类	消除速率常数	$t_{1/2}$（h）
肝脏	Me0	0.012	60.04
	Me1	0.048	14.42
	Me2	0.044	15.86
	Me3	0.063	11.16
	Me4	0.042	12.01
肾脏	Me0	0.016	58.93
	Me1	0.048	14.50
	Me2	0.314	18.49
	Me3	0.031	16.83
	Me4	0.058	12.01
肌肉	Me0	0.012	56.91
	Me1	0.021	20.35
	Me2	0.029	24.06
	Me3	0.018	21.79
	Me4	0.031	19.31
肠道	Me0	0.02	50.87
	Me1	0.021	18.32
	Me2	0.023	29.79
	Me3	0.086	8.09
	Me4	0.072	9.68

6. 复方组方的确定及质量工艺的研究　确定了制备工艺参数与关键控制时间点参数，制定了质量标准，包括形状、鉴别、有关物质和水分的检查，含量测定、作用与用途、用法与用量、注意事项、休药期、规格及有效期等。

7. 临床药学研究　复方甲霜灵粉使用方法主要是浸浴和泼洒两种方式。20mg/L 复方甲霜灵粉可完全抑制水霉菌丝和孢子，对草鱼、鲫水霉病预防和治疗的保护率分别可达 70% 和 60%。

二、中草药渔药制剂的创制

中草药具有毒副作用小、价格低廉、不易产生抗药性等优点，且其中的某些药物成分不仅有抗病原微生物的作用，还具有免疫调节的作用，能提高水产动物自身机体的抗病防病能力。采用中草药作为部分替代药物或者是中西药合用，已经成为目前水产养殖疾病防控的发展趋势。

1. 促进水产动物生长、提高免疫机能的中草药　合理选择中草药添加到鱼类的饲料或药物中，可以调节水产动物的生理生化指标，保持机体代谢，促进鱼类生长。中草药能改善水产养殖动物品质，如复方中草药可显著提高罗非鱼肌肉的肌苷酸含量，降低肌肉脂肪、总胆固醇和丙二醛含量；复方中草药制剂对凡纳滨对虾肌肉的营养成分和总氨基酸含量无显著影响，但能提高肌肉中鲜味氨基酸的含量。

中草药能显著提高水产养殖动物的免疫力。复方中草药能提升罗非鱼血清中溶菌酶、超氧化物歧化酶（SOD）及过氧化物歧化酶（POD）活性，还能诱导头肾和脾中肿瘤坏死因子 α（TNF-α）和白细胞介素 1β（IL-1β）的表达，降低血清丙二醛含量与嗜水气单胞菌感染后的死亡率。黄芪多糖等中草药可诱导溶菌酶 c（Lysozyme-c）基因、热休克蛋白 70（HSP70）基因的表达，进而提高罗非鱼的机体免疫力，促进乳酸杆菌等有益菌群的增殖，保护免疫细胞免受应激损伤。复方中草药饲料添加剂能够显著促进红笛鲷的生长，增强其血清中的抗菌活力和溶菌酶活力。茯苓可以显著升高哲罗鱼血清超氧化物歧化酶活性。甘草、紫草等复方合剂显著提高鲫血清谷草转氨酶（AST）和碱性磷酸酶（ALP）的活性，但却明显降低了尿酸含量。玉屏风散方剂能明显提高施氏鲟体内球蛋白含量及溶菌酶活性，并有效降低丙二醛含量。中药方剂可对山女鳟脾及血细胞中 IL-1β 含量起到微弱的促进作用。中草药能提高鲫肝脏中总抗氧化能力（T-AOC）、提升肝胰脏中溶菌酶活性、促进 HSP70 基因表达。黄芪多糖等中药能显著提高鲤一氧化氮（NO）和一氧化氮合酶（NOS）的含量，对鲤的生长和免疫起到了促进作用。中药方剂对鲟血清及肝脏中超氧化物歧化酶活性、总抗氧化能力和谷胱甘肽过氧化物酶活性均有增强作用，能显著降低鲟血清中丙二醛（MDA）的含量，促进机体对热应激做出快速有效的应答反应。

2. 防治水产动物细菌性疾病的中草药 中草药对细菌、真菌和寄生虫等病原具有较强的抑制和杀灭能力。大黄和公丁香对致病性哈氏弧菌及其生物膜具有体外抑制作用，其中大黄的作用比公丁香更强。五倍子、石榴皮、大黄、虎杖、黄芩及黄连对鳗鲡致病性气单胞菌具有较强抑制作用，复方中草药可对鳗鲡主要致病菌的抑制作用呈现协同效应。中草药配合氟苯尼考使用，可提高药效，还可减少药物对环境的污染并减缓耐药性问题。

3. 防治水产动物寄生虫疾病的中草药 利用固相萃取、高效液相色谱、中压快速制备等技术可从白屈菜、黄姜中分离获得白屈菜碱、白屈菜红碱等有效杀灭指环虫的物质；从博落回中分离的血根碱以及从小果博落回中分离的二氢血根碱和二氢白屈菜红碱均对车轮虫具有较好的杀灭作用。黄姜对鱼类指环虫、重楼对罗氏沼虾寄生纤毛虫均有较强的杀灭活性。灰色链霉菌 SDX-4 株代谢产物具有较强的抗小瓜虫活性，且对鱼体相对安全，有望开发为一种新型的杀虫药物。

4. 免疫增强剂及生长调节剂 免疫增强剂可增强养殖动物的非特异性免疫能力，壳聚多糖等免疫增强剂能提高中华绒螯蟹血清中溶菌酶和超氧化物歧化酶的活力，预防病害的发生。

四、渔药剂型的研究

剂型（dosage forms）指药物根据预防和治疗的要求经过加工制成适合于使用、保存和运输的一种制品形式；或是指药物制剂的类别，它是临床使用的最终形式，是药物的传递体，不同药物的剂型会产生不同的疗效。研究渔药的剂型，是充分发挥药物疗效的一个重要途径。

药物的剂型对药物的吸收代谢过程和药效有重要影响。目前，我国渔药的剂型还停留在以传统的粉剂、水剂等为主的阶段。研制新型渔药剂型可以有效提高渔药生物利用度、降低药物的毒副作用、增强药物的缓释和控释性能。

1. 微胶囊缓释剂型　制备渔药的缓释制剂包括冷冻干燥法等方法。药物的缓释性能、稳定性与包埋壁材、工艺条件等因素紧密相关。其中，羧甲基纤维素的缓释性能优于淀粉，且冷冻温度的降低能增强微胶囊缓释性能。以羧甲基纤维素和淀粉为壁材的恩诺沙星微胶囊为例，羧甲基纤维素的紫外稳定性和热稳定性均优于淀粉。

2. 壳聚糖纳米粒剂型　恩诺沙星壳聚糖纳米粒具有较强的缓释能力和良好的热稳定性、紫外稳定性。壳聚糖包埋的诺氟沙星新剂型能对药效的释放及其在鱼体内的代谢具有明显的缓释效果，能显著提高药物的生物利用率。相比强力霉素原料药，强力霉素壳聚糖纳米粒冻干粉在人工胃液、肠液和 pH 7.4 磷酸缓冲液中具有更强的缓释特性。

第五节　渔药耐药性监测及防控技术

一、渔药耐药性的评价

一般用药敏试验评价病原菌对渔药的敏感性。药敏试验是耐药性监测和流行病学调查及耐药机制研究的重要手段。

1. 纸片扩散法　纸片扩散法是临床实验室应用最为广泛的一种方法，其原理是将含有定量抗菌药物的纸片贴在已接种测试菌的琼脂平板上，纸片中所含的药物吸收琼脂中水分，溶解后不断向纸片周围扩散，形成递减的梯度浓度，在纸片周围抑菌浓度范围内测试菌的生长被抑制，从而形成无菌生长的透明圈，即抑菌圈。抑菌圈的大小反映测试菌对测定药物的敏感程度，并与该药对测试菌的最低抑菌浓度（MIC）呈负相关关系。

用游标卡尺量取抑菌圈直径（抑菌圈的边缘应是无明显细菌生长的区域），抑菌圈内或围绕纸片周围只有极少细菌生长，均提示为耐药。根据美国临床与实验室标准协会（CLSI）制定的标准，对量取的抑菌圈直径作出"敏感""耐药"和"中介"的判断。

抑菌环大小受培养基、药敏纸片及细菌悬液浓度等多种因素影响。为保证试验准确性，要求用参考菌株对试验结果进行质量控制。常用的参考菌株有大肠杆菌 ATCC25922，金黄色葡萄球菌 ATCC25923、29213、43300，铜绿假单胞菌 ATCC27853，大肠杆菌ATCC35218（产β-内酰胺酶菌株）、粪肠球菌 ATCC29212、51299，肺炎链球菌 ATCC49619 等。这些菌株可从国家菌种保藏中心或临床检验中心购买。标准菌株与待检菌株测定方法相同，但其抑菌环直径必须落在允许范围之内，同一株参考菌株对同一种抗生素的抑菌环直径在 30 次测定中超出范围的不应该超过 3 次，并且 3 次不得连续出现。

2. 稀释法　稀释法药敏试验包括琼脂稀释法和肉汤稀释法两种。其基本原理是将配制好的不同浓度的抗菌药物与琼脂或肉汤混合，使琼脂或肉汤中的药物浓度成依次递增或递减的测试系列，接种入定量细菌后过夜培养，肉眼观察能抑制细菌生长的最低药物浓度为该药物的 MIC。稀释法比纸片扩散法应用范围广而且结果准确可靠。琼脂稀释法比肉汤稀释法有更多优点，如前者能同时测定多株细菌，能发现污染菌落，重复性也较高，适用于大量标本的检测。稀释法的主要缺点是操作技术误差较大，且烦琐耗时，不易于临床常规开展。药敏试验的结果报告可用 MIC（$\mu g/mL$）或对照CLSI标准用"敏感"（S）、"中介"（I）和"耐药"（R）报告。有时对于稀释法的批量试验需要报告 MIC_{50}、MIC_{90}。

3. E 试验　E 试验（Epsilometer test）是一种结合稀释法和扩散法的原理，对药物的体外抗菌活性直接定量的技术。

E 试条是一条 $5mm \times 50mm$ 的无孔试剂载体，一面固定有一系列预先制备的浓度呈连续指数增长的抗菌药物，另一面有刻度和读数。抗菌药的梯度可覆盖 20 个对倍稀释浓度范围，其斜率和浓度范围与折点和临床疗效有较好的关联。将 E 试条放在接种过细菌的琼脂平板上，孵育过夜，围绕试条出现明显可见的椭圆形抑菌圈，其边缘与试条相交点的刻度即为抗菌药物抑制细菌的 MIC。使用厚度为 4mm 的 M-H 琼脂平板，用 0.5 麦氏浓度的对数期菌液涂细菌的平板表面，试条全长应与琼脂平板紧密接触，试条的 MIC 刻度面朝上，高浓度的一头（有 E 标记）靠平板外缘。找出椭圆形抑菌环边缘与 E 试条的交界点值，即为 MIC 值。

4. 自动药敏检测　自动药敏检测统主要用于鉴定病原微生物的种属并能同时做抗菌药物敏感性试验，能提供及时、正确的病原学诊断并帮助制订治疗方案，在使用自动分析系统时必须注意，其判断标准要根据 CLSI 标准的变化及时更新。目前国内外有多种微生物自动和半自动鉴定系列可供临床选择，VITEK、MicroScan、Sensititre、PHOENIX 系列在国内较为流行。

理想的病原菌自动药敏分析系统应符合以下要求：①快速，鉴定和药敏试验最好能在 2～8h 完成。②检测准确率高，能检测常规所有细菌，特别是葡萄球菌、非发酵菌和链球菌等，需提高检测的准确率和分辨率。③自动化和电脑的智能化程度更强，包括条形码识别功能、专家系统和便于网络化的数据分析和储存系统。④成本低。

5. 联合药敏试验　联合用药可能出现的 4 种结果：①无关作用，两种药物联合作用的活性等于其各自单独活性。②颉颃作用，两种药物联合作用的活性显著低于其单独抗菌活性。③累加作用，两种药物联合作用的活性等于两种单独抗菌活性之和。④协同作用，两种药物联合作用的活性显著大于其单独活性作用之和。

不同作用速度和机制的药物联合用药将会产生不同的增效作用。杀菌剂之间联合用药，如 β-内酰胺类药物与氨基糖苷类药物的联合，可增强抗菌作用，延迟耐药性的发生。

为了治疗多重耐药细菌所致的严重感染、预防或推迟细菌耐药性的发生，需要开展联合药敏试验。

联合药敏试验的方法包括：①纸片扩散法，即选择两种协同或累加作用药物的纸片贴于已涂布细菌的药敏平皿上,两纸片中心点距离约 24mm(根据两种药物单独作用于被测菌所呈现的抑菌环半径之和决定两纸片中心点之间的距离),在合适条件下 35℃孵育 18~24h 后读取结果。②重叠纸片法,即将所选的两种药敏纸片,分别做单个和重叠纸片扩散药敏试验,比较重叠纸片抑菌环直径与单个药物抑菌环直径,判断两种药物是协同还是颉颃作用。③棋盘稀释法,又称方阵测试联合效果,是目前临床实验室常用的定量方法。它是利用肉汤稀释法的原理,首先测定出拟联合的抗菌药物对检测菌的 MIC,根据所得 MIC,确定药物稀释度。药物最高浓度为其 MIC 的 2 倍,依次对倍稀释。两种药物的稀释分别在方阵的纵列和横列进行,这样在每管中可得到浓度不同的两种药物的混合液。接种细菌后,35℃孵育 18~24h 观察结果,计算部分抑菌浓度(fractional inhibitory concentration,FIC)指数。

$$FIC = \frac{A\ 药联合时的\ MIC}{A\ 药单测定时的\ MIC} + \frac{B\ 药联合时的\ MIC}{B\ 药单测定时的\ MIC}$$

判断标准:FIC 指数≤0.5 为协同作用;0.5~1 为相加作用;1~2 为无关作用;≥2 为颉颃作用。

二、病原菌耐药因子检测方法

利用分子生物学技术可以检测耐药基因,并以此为根据来评价水产养殖动物病原菌的耐药状况及其分型。与传统药敏试验相比,分子生物学技术检测耐药因子有许多优点:①能够揭示耐药本质特征,避免了耐药表型相互交叉等影响。②不需分离、纯化、培养微生物,使测定时间缩短。③能直接测定危险性比较大、难培养,甚至还不能体外培养的微生物的耐药性。④减少或避免了微生物的生长状态、培养基的成分差异、接种量的大小、药物浓度和种类等因素对试验结果的影响。⑤与传统的耐药性检测方法结合,可以更准确地判定试验结果。

尽管已经开展了许多工作,但至今耐药性的分子生物学检测并未建立起临床检测标准,主要原因如下:①大量病原菌耐药机制尚不明确。②病原菌的种类与耐药机制不是一一对应的关系，增加了工作难度。③耐药基因不一定具有临床表型。④耐药的特异性弱。尽管如此，分子生物学技术在耐药性检测中的作用仍然不可低估。

1. 核酸分子杂交 单链的核酸分子在合适的条件下，与具有碱基互补序列的异源核酸形成双链杂交体的过程称作核酸分子杂交。将一种核酸单链标记成为探针，再与另一种核酸单链进行碱基互补配对，形成异源核酸分子的双链结构，这一过程称为杂交。核酸分子单链之间的互补碱基序列以及碱基对之间非共价键的形成是核酸分子杂交的基础。根据杂交核酸分子的种类，可分为 DNA 与 DNA 杂交、DNA 与 RNA 杂交、RNA 与 RNA 杂交；根据杂交探针标记的不同可分为放射性核素杂交和非放射性物质杂交；根据介质不同，可分为液相杂交、固相杂交和原位杂交。

2. 聚合酶链式反应技术 聚合酶链式反应（polymerase chain reaction，PCR）是一种体外特定核酸序列扩增技术。PCR 利用反应体系中的 4 种 dNTP 合成其互补链（延伸），变性-复性-延伸的循环完成后，一个分子的模板被复制为两个分子，反应产物的量以指数形式增长。PCR 完成以后须对扩增产物进行分析，PCR 产物的分析方法包括聚合酶链式反应限制性片段长度多态性检测、等位基因特异性寡核苷酸技术、变性梯度凝胶电泳、熔点曲线分析等。

3. 基因芯片技术 基因芯片又称 DNA 芯片，是根据核酸杂交的原理将大量探针分子固定于支持物上，然后与标记的样品进行杂交，通过检测杂交信号的强度与分布进行分析。该方法技术较成熟，具有灵活性强、成本低、速度快等特点。

三、耐药病原菌的实验室选择和生物被膜模型

为了开展病原菌耐药机制的研究，获得具有稳定耐药特性的菌株、建立适当的生物被膜模型是前提条件。

1. 耐药病原菌的实验室选择 耐药病原菌主要有三个来源：①临床药敏试验发现；②从大量病原菌中筛选；③诱导耐药性

突变。

一个值得研究的耐药病原菌株要符合三个基本要求：①源于单细胞克隆；②生物学背景清楚；③耐药性稳定。选取单菌落连续传代 3 次，可满足细菌来源于单克隆的要求。如果病原菌在无抗生素培养基中传 2 代后耐药性不变，说明细菌的耐药性不是适应性反应，而可能有深刻的遗传背景。

（1）直接选择法　直接选择法是设计一定的条件，使突变病原菌株易于生长，而正常病原菌株被抑制或杀死的一种方法。从大量敏感病原菌群中选择耐药病原菌株时多采用这种方法，具体方法包括琼脂平板直接选择法和梯度平板直接选择法。

琼脂平板直接选择法适用于耐药程度变化显著的快速生长菌：①选取几个高于 MIC 的抗生素浓度，在适当条件下加入琼脂培养基中。②取过夜培养的肉汤培养物 1mL 加入已融化并冷却至 46～50℃的琼脂培养基中，倾倒数个平板。或取 0.1～0.2mL 肉汤培养物加到含抗菌药物的琼脂平板表面。③接种后的培养基置于 35℃培养 72h，培养期间经常观察细菌生长情况，发现耐药菌落后用接种针挑取单个菌落在肉汤培养基中研磨成乳状，取一环接种于无抗菌药物的琼脂平板上过夜培养。④选取单个菌落，测定它对试验所用抗菌药物的耐药性，同时用野生敏感株做平行对照。如果在无抗菌药物的培养基中两次传代后耐药性不变，其他性状与亲代细胞相同，并且原始培养物源于 1 个细胞，则该菌很可能是一个突变耐药株。

梯度平板选择法（selection of mutants on gradient plates）是选择低水平耐药突变株的方法，即在一个平板培养基上建立连续的抗菌药物梯度。有些高水平耐药株需要几个低水平耐药突变步骤。把无菌培养皿倾斜约 20°，用无菌手续加入已冷却到 46～50℃的营养琼脂，加入的量要适当，使营养琼脂恰好覆盖平皿底部的最高处。待琼脂凝固后，将平皿水平放置，加入等量含一定浓度抗菌药物的营养琼脂。这样上层的抗菌药物向下层扩散，就会在平皿上形成连续的抗菌药物浓度梯度。

梯度平板的接种方法有两种，一种是取菌悬液从低浓度抗菌药物一端向高浓度一端连续划线；另一种是在待倾注的第二层琼脂中加入0.1mg过夜培养的肉汤培养物，混匀后倾注于第二层表面。接种后的梯度平板过夜培养后，随着抗菌药物浓度的提高，生长的菌落越来越少，耐药程度越来越高。为筛选出高水平耐药株，制备梯度平板时可以逐渐提高抗菌药物浓度（一般为上次浓度的2～5倍），将上次选择出的耐药株接种于较高浓度的梯度平板上，如此反复即可达到目的。同样，为保证检出率，每次接种都应平行接种几个平板。

除上述两种方法外，也可以在液体培养基中选择耐药病原菌，这种方法相当于用肉汤稀释法连续测定MIC。在含系列抗菌药物浓度的肉汤培养基中加入定量的细菌，在35℃条件下培养24h后，以病原菌能够生长的最高药物浓度管为样品，接种入含药浓度更高的第二系列肉汤培养基中，继续培养24h，依次类推，直到发现高水平耐药株为止。最后把最高药物浓度中仍能生长的细菌传代于无抗菌药物的培养基中分离出单个菌落，鉴定细菌种类、重新确定病原菌耐药性。这种方法能选择出需要多步突变才能表达高水平耐药的病原菌。

（2）诱变法　微生物在理化诱变剂的作用下会发生突变，如果突变发生在耐药基因及其相关区域就可能引起耐药性的变异。实验研究中将病原菌暴露于诱变剂一定时间后，用选择培养基进行培养就可能选择出耐药微生物，并对其进行研究。常用的物理方法是紫外线照射，常用的化学方法较多（如亚硝基胍诱变）。

2. 生物被膜模型　一些细菌如铜绿假单胞菌、葡萄球菌等可以附着于惰性或者活性实体物质表面，并分泌多糖、纤维蛋白、脂蛋白等物质，将细菌细胞包绕其中形成被膜状细菌群落，这就是生物被膜。生物被膜的形成使其生物学特征与浮游状态下有显著性差异，使细菌对环境变化的敏感性大大降低，使细菌能够逃脱宿主的免疫作用，避免抗菌药物的杀伤作用，表现出耐药特征，且其感染不易彻底清除。

生物被膜的形态鉴定可根据条件选用不同的显微镜，扫描电镜、透射电镜、激光共聚焦扫描显微镜（CSLM）等能直接观察到新鲜、原生态的生物膜状态。对生物膜的定量分析一般通过计数膜上的活菌数和细菌产生的多糖蛋白复合物的含量来进行，主要包括超声波活菌计数法、MTT（四甲基偶氮唑蓝）细菌计数法和多糖蛋白复合物测定方法等。

四、水产养殖病原菌耐药防控

1. 耐药突变选择窗理论及耐药防控

（1）防耐药变异浓度和耐药突变选择窗　防耐药变异浓度（mutant prevention concentration，MPC）指是一个防止耐药的抗菌药物浓度阈值，即防止细菌产生耐药性的抑制细菌生长的药物浓度，它能反映药物抑制细菌发生耐药突变的能力。抑菌药物浓度达到 MPC 以上时，细菌必须同时发生两处耐药突变才能生长，该概率极低（仅为 10^{-14}）。抗菌药物浓度在 MPC 之上时细菌大部分被杀死，基本不可能产生耐药突变菌株。

最低抑菌浓度（minimum inhibitory concentration，MIC），是测定抗菌药物抑制细菌活性大小的指标。而当药物浓度介于 MPC 与 MIC 之间时，即便有很高的概率抑制甚至杀灭细菌，但也很容易出现耐药突变体，介于这两者之间的浓度范围就是耐药突变选择窗（mutant selection window，MSW）。

（2）基于 MSW 理论的防耐药用药策略　MSW 理论认为，当药物浓度在 MPC 之下并且在 MIC 之上的时候，才会导致细菌耐药突变体的选择性富集并且产生抗性。因此可以通过选择使用低 MPC、窄 MSW 的药物，调整用药方案或是通过药物的联合使用缩小或关闭 MSW。缩小或关闭 MSW，将会有极少甚至不会有耐药突变体产生，可以将选择性突变菌株扩增的概率降到最低，具体来说有以下三种方法。方法一是通过使药物浓度快速达到峰值并且在最短的时间内通过 MSW，将血浆药物在 MSW 的滞留时间降到最低，使其处于 MPC 以上的时间延长至最长，以达到最大限度地缩短突变选择时间的目的。方法二是缩小 MIC 与 MPC 的差距，缩小或者关闭 MSW。方法三是采取联合用药的方法，因为当两种或多种不同作用机制的药物同时存在于细菌生存的环境中时，细菌要继续生长，必须同时发生两种及以上的耐药突变，而发生两种及以上的突变的概率极低，这样就可以最大限度地关闭 MSW 以抑制细菌，同时防止耐药菌株的产生。

联合用药是除了保证药物达到合适的药物浓度（MPC）之外的另一种经常采用的防耐药用药策略。单一药物治疗的关键是组织或血液药物浓度要高于药物用药安全剂量的 MPC，并且在 MSW 以上的时间越长越好。然而在联合使用几种作用机制不同的药物时，由于临床安全剂量难以达到各自的 MPC，因此可以通过匹配 24h 的药时曲线下面积（AUC_{24}）与 MIC 的比值（AUC_{24}/MIC）来关闭 MSW，这样可以在达到理想的治疗效果的同时尽量避免耐药突变体的出现。

2. 基于中草药的耐药防控　近年来，中草药在抑菌及防耐药用药策略方面的应用也有了较系统的研究进展。

（1）消除耐药性质粒（resistant plasmid，R 质粒）　通过消除细菌的 R 质粒可以恢复细菌对抗菌药物的敏感性。大量研究结果表明，中草药对消除细菌 R 质粒的效果良好，而且中草药对 R 质粒的消除作用在体内明显强于体外。

中草药黄芩、黄连两者联用效果明显，可使 R 质粒消除率提高 10 倍以上。不同组分的中草药对 R 质粒消除率不同，如从艾叶得到的乙醇提取物对 R 质粒的消除率可达 69.4%，从艾叶提取的挥发油对 R 质粒的消除率可达 16.67%。中草药千里光对大肠杆菌 R 质粒消除作用显著，且含药血清消除作用达 14.9%，明显强于其水浸液。从 R 质粒消除的表型来看，经千里光水浸液作用后细菌均表现为单一耐药性的丢失，而含千里光血清对其消除作用表现为多重耐药性的丢失，其中以四环素的耐药性消除最多。大蒜油等对大肠杆菌氨苄青霉素的耐药性有明显的消除作用。

（2）抑制细菌主动外排泵　主动外排机制是多数耐药菌耐药性

产生的原因之一，也是细菌多重耐药性产生的原因之一。中草药可以通过抑制多种外排泵的活性使耐药菌恢复对药物的敏感性。浙贝母、射干、穿心莲和菱角 4 种中草药提取物可以抑制外排泵介导的金黄色葡萄球菌的耐药性，并可以在不同程度上对金黄色葡萄球菌的耐药性产生逆转作用。*adeABC* 基因的过度表达导致鲍曼不动杆菌对环丙沙星产生耐药性，从中草药萝芙木根中提取的生物碱利血平对外排泵基因 *adeABC* 的表达有抑制作用，从而使鲍曼不动杆菌部分恢复对环丙沙星的敏感性。

（3）抑制超广谱 β-内酰胺酶（ESBLs）　部分中草药可以抑制产 ESBLs 细菌菌株水解抗菌药物，使其恢复对抗菌药物的敏感性。黄芩、黄檗、黄连、连翘、千里光 5 种中草药的提取物可以抑制产 ESBLs 细菌的抗药性。与其他 4 种药物相比，黄芩抑菌效果更好。三黄汤、黄连解毒汤、五味消毒饮可以逆转产酶大肠杆菌的抗药性。

（4）抑制耐药基因的表达　提取蟾酥皮肤腺及耳后腺分泌的白色浆液，其水提液和醇提液在与含有耐药基因 *TEM* 和 *CTX-M-9* 的大肠杆菌作用 5d 后，可使细菌耐药基因的 mRNA 表达丧失，失去翻译蛋白质的功能，进而恢复对药物的敏感性。

（5）中草抑制耐药性产生的作用机理与用药策略　目前对中草抑制耐药性产生的作用机理尚了解不多，但近年来也开展了相关研究工作，初步探明了相关作用的信号通路，筛选出了关键基因。

为了延缓主要淡水养殖病原菌——嗜水气单胞菌（*Aeromonas hydrophila*）对恩诺沙星的耐药性，以嗜水气单胞菌 ATCC7966 为研究对象，评价了其对恩诺沙星、氟苯尼考、盐酸多西环素、复方磺胺间甲氧嘧啶钠和硫酸新霉素等抗菌药物的敏感性；并以恩诺沙星为受试药物，对 ATCC7966 进行低浓度耐药性诱导，获得 MIC 提高了 128 倍的耐药性菌株。选择具有抑菌作用的茉莉花、薄荷叶、连翘等 26 种中草药对嗜水气单胞菌耐药性进行延缓试验，结果显示，板蓝根、射干、苦参、大青叶、车前草、连翘、黄芩及艾草 8 种中草药均具有延缓嗜水气单胞菌对恩诺沙星耐药的效果。

进而对其进行复筛，结果表明，连翘和黄芩等 4 种中草药均有不同程度的延缓嗜水气单胞菌对恩诺沙星耐药的效果，其中连翘的延缓作用最明显。连翘的有效成分中，连翘酯苷 A 抑制恩诺沙星耐药性产生的效果最明显（表 6-12，图 6-10）。

表 6-12 菌株在中草药与恩诺沙星联合作用前后 MIC 的变化（$n=5$）

组别	菌株	初始 MIC（μg/mL）	药物作用后 MIC（μg/mL）	
			10 代	20 代
对照组	SS	0.25	0.5	4
连翘	SS	0.25	0.25	0.5
黄芩	SS	0.25	0.25	1
苦参	SS	0.25	0.5	1
板蓝根	SS	0.25	0.5	1

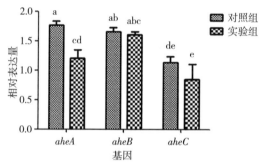

图 6-10 连翘酯苷 A 作用前后 *RND* 基因相关的 3 个基因的表达量
柱状图上方不同小写字母表示有显著性差异

转录组分析方法揭示了连翘延缓嗜水气单胞菌对恩诺沙星的机理，分析结果显示，连翘影响耐药菌的细胞膜组分、代谢过程、分子功能与转运过程。KEGG 信号通路分析结果表明，差异基因主要富集在细菌的代谢途径、ABC 转运代谢途径、碳氮代谢、细菌趋化性等过程，连翘也显著影响了耐药菌的三羧酸循环、糖酵解及氨基酸的生物合成途径。总之，连翘影响了嗜水气单胞菌耐药菌的多个生物学过程，推测主要通过氨基酸代谢、糖酵解、碳氮代谢途径，以及与耐药菌应激相关的 ABC 转运、趋化性途径影响耐药菌的生长，达到对耐药性的控制效果。

可将连翘和恩诺沙星联合使用对嗜水气单胞菌进行防控，连翘酯苷 A 可显著抑制恩诺沙星耐药性的产生，此结果为细菌耐药性的防控及连翘延缓耐药性作用机制的研究提供了理论依据。

参 考 文 献

蔡丽娟，许宝青，林启存，2011. 水产致病性嗜水气单胞菌耐药性比较与分析 [J]. 水产科学，30（1）：42-45.

陈进军，王元，赵留杰，等，2017. 反相高效液相色谱法同时测定青蟹组织中磺胺嘧啶和甲氧苄啶残留 [J]. 分析科学学报，33（1）：67-70.

陈进军，王元，赵姝，等，2017. 复方磺胺嘧啶口灌给药在拟穴青蟹（*Scylla paramamosain*）体内药动学和组织分布与消除 [J]. 渔业科学进展，38（4）：104-110.

陈招弟，李健，翟倩倩，等，2018. 水产用微生态制剂耐药性评估及耐药相关遗传元件检测 [J]. 海洋科学，42（6）：132-140.

程波，艾晓辉，常志强，等，2017. 水产动物药物代谢残留研究及创新发展方向——基于 PBPK 模型的残留预测技术 [J]. 中国渔业质量与标准，7（6）：42-47.

崔佳佳，李绍戊，王荻，等，2016. 三北地区鱼源气单胞菌的分离鉴定与药敏试验 [J]. 江西农业大学学报，38（1）：152-159.

崔佳佳，李绍戊，王荻，等，2016. 嗜水气单胞菌对四环素类药物诱导耐药表型及机理研究 [J]. 微生物学报，56（7）：1149-1158.

崔佳佳，王荻，卢彤岩，等，2016. 养殖鱼源嗜水气单胞菌对氟喹诺酮类药物的耐药机制 [J]. 水产学报，40（3）：495-502.

邓传燕，李色东，范敏萍，等，2013. 2010—2012 年对虾育苗水体副溶血弧菌耐药性分析 [J]. 科学养鱼，29（9）：59.

邓玉婷，薛慧娟，姜兰，等，2014. 体外诱导嗜水气单胞菌对喹诺酮类耐药及其耐药机制研究 [J]. 华南农业大学学报，1：12-16.

董亚萍，谢欣燕，胡鲲，等，2016. 中草药延缓嗜水气单胞菌对恩诺沙星耐药性的研究 [J]. 湖南农业科学，12：1-4.

董亚萍，冯东岳，孙晶，等，2019. 连翘酯苷 A 对嗜水气单胞菌耐恩诺沙星的延缓效果及其外排作用 [J]. 南方农业学报，50（1）：187-193.

段可馨，韩冰，王荻，等，2016. 烟酸诺氟沙星在松浦镜鲤体内代谢残留规律的研究 [J]. 江西农业大学学报，38（2）：356-361.

范红照，林茂，鄢庆枇，等，2016. 诺氟沙星在日本鳗鲡体内的代谢动力学及残留消除规律 [J]. 中国渔业质量与标准，6 (1)：22-28.

封琦，齐富刚，熊良伟，等，2017. 江苏盐城地区嗜水气单胞菌的耐药性分析 [J]. 黑龙江畜牧兽医 (18)：202-204.

冯永永，姜兰，邓玉婷，等，2016. 猪-鱼复合养殖模式中气单胞菌 I 类整合子的流行情况及其耐药特征 [J]. 水产学报，40 (1)：92-99.

高蕾，罗理，姜兰，等，2017. 单次投喂乳酸诺氟沙星在鳜鱼体内的代谢消除规律 [J]. 水产科学，36 (1)：99-103.

关川，童蕾，秦丽婷，等，2018. 洪湖养殖区水环境中微生物的耐药性及其群落功能多样性研究 [J]. 农业环境科学学报，37 (8)：204-213.

韩冰，王荻，卢彤岩，2014. 复方磺胺甲噁唑在松浦镜鲤体内药动学及残留研究 [J]. 大连海洋大学学报，29 (6)：618-623.

贺刚，何力，谢从新，等，2008. 草鱼肠道枯草芽孢杆菌的耐药性分析 [J]. 现代农业科技 (22)：219-220.

胡鲲，2017. 渔药药理学实验 [M]. 北京：科学出版社.

胡鲲，程钢，吕利群，等，2013. 基于 *P-glycoprotein* 基因表达评价尼罗罗非鱼体内恩诺沙星代谢 "首过效应" [J]. 中国水产科学，20 (2)：411-418.

胡鲲，冯东岳，2019. 水产品质量安全及风险辨别常识 [M]. 北京：中国农业出版社.

黄恩福，黄柳梅，阮记明，等，2016. 肠道菌群与中草药有效成分代谢的相互影响的研究进展 [J]. 中国兽医学报，36 (9)：1619-1623.

黄聚杰，林茂，鄢庆枇，等，2016. 氟苯尼考在花鲈体内的代谢及残留消除规律 [J]. 中国渔业质量与标准，6 (3)：6-13.

黄晓荣，郑晶，2005. 鳗鱼及其制品中喹诺酮类药物残留的微生物快速检测方法研究 [J]. 淡水渔业，35 (4)：3-6.

黄玉萍，邓玉婷，姜兰，等，2014. 复合水产养殖环境中气单胞菌耐药性及其同源性分析 [J]. 中国水产科学，4：777-785.

黄月雄，汤菊芬，简纪常，等，2014. 氟苯尼考在美国红鱼体内的药代动力学和组织分布 [J]. 广东海洋大学学报，34 (3)：58-64.

贾雪卿，范红照，湛嘉，等，2017. 不同制剂方式对诺氟沙星在鳗鲡中药动学的影响 [J]. 安徽农业科学，45 (22)：75-77.

江艳华，姚琳，宋春丽，等，2012. 青岛市售贝类副溶血性弧菌污染状况及耐药性分析 [J]. 中国卫生检验杂志 (2)：375-377.

康淑媛，韩冰，王荻，等，2015. 两种给药方式下伊维菌素在虹鳟体内的药物代谢动力学研究 [J]. 中国农学通报，31 (2)：101-106.

康玉军，王高学，2017. 七叶树外种皮不同溶剂提取物杀灭中型指环虫研究 [J]. 水产科技情报，44（2）：103-105.

黎家勤，庞欢瑛，简纪常，等，2014. 大黄和公丁香对致病性哈氏弧菌及其生物膜的体外抑制作用 [J]. 安徽农业科学，42（24）：8188-8190，8202.

李国烈，王元，房文红，等，2014. 盐酸沙拉沙星在凡纳滨对虾体内药动学与生物利用度 [J]. 南方水产科学，10（1）：50-56.

李浩然，欧仁建，邱军强，等，2015. 立达霉对七彩神仙鱼卵水霉病的防治效果 [J]. 南方农业学报，46（4）：697-701.

李健，赵姝，王元，等，2018. 外排泵抑制剂对海水养殖源弧菌酰胺醇类药物耐药性的影响 [J]. 水产学报，42（8）：1299-1306.

李绍戊，王荻，刘红柏，等，2013. 鱼源嗜水气单胞菌多重耐药菌株整合子的分子特征 [J]. 中国水产科学，20（5）：1015-1022.

李云莉，高权新，张晨捷，等，2017. 养殖水域抗生素抗性基因污染的研究概况与展望 [J]. 海洋渔业，39（3）：351-360.

李忠琴，关瑞章，汪黎虹，等，2013. 氟苯尼考与中药联用对养殖鳗鲡主要病原菌的体外抗菌活性分析 [J]. 养殖与饲料，3：13-17.

连浩森，李绍戊，张辉，等，2015. 三北地区冷水鱼常见病原菌的分布及耐药分析 [J]. 江西农业大学学报，37（2）：339-345.

林茂，陈政强，纪荣兴，等，2013. 不同温度下氟苯尼考在鳗鲡体内药代动力学的比较 [J]. 上海海洋大学学报，22（2）：225-231.

蔺凌云，袁雪梅，潘晓艺，等，2015.4 种中草药提取物对水霉的体外抑菌试验 [J]. 安徽农学通报，21（2）：11-12，39.

刘永涛，艾晓辉，杨红，2008. 水产致病菌对氟甲砜霉素敏感性及耐药性研究 [J]. 水生态学杂志，28（4）：124-127.

刘永涛，艾晓辉，杨秋红，等，2015.15 种中草药超临界 CO_2 流体萃取物对 2 种水霉菌的抑制作用研究 [J]. 淡水渔业，45（3）：40-45.

刘永涛，董靖，杨秋红，等，2017. 改良的 QuEChERS 与 HPLC-HESI/MS/MS 同时测定中华鳖组织中氯硝柳胺和酰胺醇类药物及其代谢物的残留量 [J]. 分析测试学报，36（8）：955-962.

刘永涛，李乐，王赛赛，等，2017. 鱼组织中双去甲氧基姜黄素、去甲氧基姜黄素和姜黄素含量的超高效液相色谱法测定 [J]. 分析测试学报，36（2）：276-279.

刘永涛，李乐，徐春娟，等，2016. 超高效液相色谱同时测定渔用饲料中双去甲氧基姜黄素、去甲氧基姜黄素和姜黄素 [J]. 中国渔业质量与标准，6（5）：60-64.

刘永涛，李乐，徐春娟，等，2017. 固相萃取-高效液相色谱/串联质谱法测定水产品中硫酸新霉素残留量 [J]. 分析科学学报，33（1）：6-10.

刘永涛，李乐，杨红，等，2017. 3 种渔用药物对斜生栅藻的毒性效应研究 [J]. 生态环境学报，26（2）：261-267.

刘永涛，李乐，杨红，等，2017. 替米考星对水产致病菌体内外抗菌和对异育银鲫毒性作用 [J]. 中国渔业质量与标准，7（4）：51-58.

刘永涛，余琳雪，王桢月，等，2017. 改良的 QuEChERS 结合高效液相色谱-串联质谱同时测定水产品中 7 种阿维菌素类药物残留 [J]. 色谱，35（12）：1276-1285.

吕吉云，曲芬，2011. 多重耐药微生物及其防治对策 [M]. 北京：人民军医出版社.

马辰婕，吴小梅，林茂，等，2017. 水产养殖环境耐药细菌中复合 1 型整合子的流行特征 [J]. 微生物学通报，44（09）：2089-2095.

马荣荣，胡鲲，王印庚，等，2013. "美婷"原料药在草鱼肌肉组织中残留检测前处理方法 [J]. 中国农业大学学报，32（6）：121-125.

莫金凤，周萌，姜兰，等，2016. 复方中草药制剂对杂交鳢生长性能和肉品质的影响 [J]. 仲恺农业工程学院学报，29（3）：22-28.

潘浩，韩冰，王荻，等，2017. 烟酸诺氟沙星和乳酸诺氟沙星在松浦镜鲤体内的药动学比较 [J]. 水产学杂志，30（1）：32-37.

潘浩，王荻，卢彤岩，2016. 大蒜素在鲤、鲫血浆中的药物代谢动力学研究 [J]. 淡水渔业，46（4）：60-64.

潘浩，王荻，卢彤岩，2016. 大蒜素在松浦镜鲤体内的药动学及残留消除规律 [J]. 大连海洋大学学报，31（5）：505-509.

潘浩，王荻，卢彤岩，2016. 甲苯咪唑在鲫体内的药动学及残留消除研究 [J]. 水产学杂志，29（4）：38-42.

潘浩，王荻，卢彤岩，2016. 渔用药物防耐药策略研究进展 [J]. 生物技术通报，32（5）：34-39.

彭家红，王元，房文红，等，2013. 盐酸沙拉沙星在中华绒螯蟹体内药动学及药效学研究 [J]. 海洋渔业，35（3）：331-336.

秦青英，汤菊芬，黄郁葱，等，2013. 甲砜霉素在红笛鲷体内的组织分布和药代动力学研究 [J]. 中国兽药杂志，47（11）：31-36.

司力娜，李绍戊，王荻，等，2010. 养殖鲟鱼暴发病病原菌分离及药敏实验 [J]. 水产学杂志，23（4）：18-22.

司力娜，李绍戊，王荻，等，2011. 东北三省 15 株致病性嗜水气单胞菌分离株的药敏实验分析 [J]. 江西农业大学学报，33（4）：786-790.

孙琪，胡鲲，杨先乐，2014. 壳聚糖对草鱼人工感染水霉的影响［J］. 水生生物学报，38（1）：180-183.

孙永婵，王瑞旋，赵曼曼，等，2017. 鲍消化道及其养殖水体异养菌的耐药性研究［J］. 南方水产科学，13（3）：58-65.

索纹纹，刘永涛，艾晓辉，等，2013. 环境中氨基脲消解规律及对斑点叉尾鮰残留评估［J］. 农业环境科学学报，4：681-688.

谭爱萍，邓玉婷，姜兰，等，2013. 一株多重耐药鳗源肺炎克雷伯菌的分离鉴定［J］. 水生生物学报，4：744-750.

谭爱萍，邓玉婷，姜兰，等，2014. 养殖龟鳖源气单胞菌耐药性与质粒介导喹诺酮类耐药基因分析［J］. 水产学报，7：1018-1025.

汤菊芬，黄瑜，蔡佳，等，2015. 中草药复合益生菌制剂对凡纳滨对虾生长、抗病力及水质的影响［J］. 广东海洋大学学报，35（6）：47-52.

汤菊芬，黄瑜，蔡佳，等，2016. 中草药复合微生态制剂对吉富罗非鱼生长、肠道菌群及抗病力的影响［J］. 渔业科学进展，37（4）：104-109.

汪建国，王玉堂，陈昌福，2011. 渔药药效学［M］. 北京：中国农业出版社.

王洪斌，邵营泽，徐加涛，等，2008. 连云港周边海域副溶血性弧菌的污染及耐药性研究［J］. 水产科技情报，35（2）：56-58.

王静波，徐立蒲，王小亮，等，2012. 北京地区养殖鱼类来源嗜水气单胞菌耐药性研究［J］. 北京农业（30）：77-80.

王岚，王印庚，张正，等，2017. 养殖大菱鲆（*Scophthalmus maximus*）腹水病的病原多样性及其耐药性分析［J］. 渔业科学进展，38（4）：17-24.

王瑞旋，徐力文，王江勇，等，2008. 军曹鱼养殖水体及其肠道异养细菌的耐药性研究［J］. 海洋环境科学（6）：588-591.

王伟利，肖贺，姜兰，等，2016. 单次和连续药饵投喂方式下复方磺胺嘧啶在吉富罗非鱼体内的代谢消除规律［J］. 中国渔业质量与标准，6（1）：29-35.

王祎，阮记明，周爱玲，等，2013. 异育银鲫 GABAB 受体 1 亚基 cDNA 部分序列的克隆及表达分析［J］. 动物学杂志，48（6）：905-911.

王元，殷桂芳，符贵红，等，2016. 噁喹酸在凡纳滨对虾体内药动学和对弧菌的体外药效［J］. 水产学报，40（3）：512-519.

王正彬，刘永涛，艾晓辉，等，2016. 微生物法检测水产品中黏杆菌素的残留［J］. 南方水产科学，2016，12（3）：98-105.

韦慕兰，肖双燕，马沙，等，2018. 黄颡鱼源嗜水气单胞菌对氟苯尼考的耐药性及其消失速率研究［J］. 广西畜牧兽医，34（3）：119-121.

吴冰醒，曹海鹏，阮记明，等，2015. 氧氟沙星与左氧氟沙星在中华绒螯蟹体内的药代动力学和残留消除规律研究 [J]. 淡水渔业，45 (2)：72-78.

吴小梅，林茂，鄢庆枇，等，2015. 美洲鳗鲡及其养殖水体分离耐药菌的多样性和耐药性分析 [J]. 水产学报，39 (7)：1044-1053.

吴雅丽，邓玉婷，姜兰，等，2013. 广东省水产动物源气单胞菌对抗菌药物的耐药分析 [J]. 上海海洋大学学报，22 (2)：219-224.

冼钰茵，余翀，阮荣勇，等，2017. 广州市售水产品副溶血弧菌和溶藻弧菌的耐药性评估 [J]. 安徽农业科学，45 (28)：74-77.

肖丹，曹海鹏，胡鲲，等，2011. 淡水养殖动物致病性嗜水气单胞菌 ERIC-PCR 分型与耐药性 [J]. 中国水产科学，18 (5)：1092-1099.

肖国初，胡鲲，邱军强，等，2014. 复方立达霉粉的稳定性研究 [J]. 南方农业学报，45 (4)：676-681.

谢欣燕，赵依妮，杨先乐，等，2015. 盐度对吡喹酮预混剂在草鱼体内吸收及其残留消除规律的影响 [J]. 华中农业大学学报，4：102-107.

胥宁，刘永涛，艾晓辉，等，2013. 甲苯咪唑在团头鲂体内主要代谢物及其变化规律研究 [J]. 淡水渔业，43 (6)：39-44.

胥宁，杨移斌，刘永涛，等，2018. 混饲对吡喹酮在草鱼体内药动学和生物利用度的影响 [J]. 淡水渔业，48 (5)：73-78.

徐春娟，刘永涛，艾晓辉，等，2017. 溴氰菊酯在团头鲂体内的富集消除规律研究 [J]. 西北农林科技大学学报（自然科学版），45 (12)：31-37.

徐春娟，刘永涛，苏志俊，等，2018. 气相色谱法测定淡水养殖环境中的 4 种拟除虫菊酯类农药残留 [J]. 分析科学学报，34 (3)：332-336.

薛慧娟，邓玉婷，姜兰，等，2012. 水产动物源嗜水气单胞菌药物敏感性及QRDR 基因突变分析 [J]. 广东农业科学，39 (23)：149-153.

阎斌伦，秦国民，暴增海，等，2009. 鱼类 3 种病原气单胞菌耐药状况分析及主要毒力因子检测 [J]. 淮海工学院学报 (2)：81-85.

杨洪波，王荻，卢彤岩，2013. 鲫鱼血清中甲砜霉素对嗜水气单胞菌的体外药效学研究 [J]. 江苏农业科学，41 (6)：192-195.

杨洪波，王荻，卢彤岩，2013. 甲砜霉素在鲫鱼体内的药物代谢动力学研究 [J]. 淡水渔业，43 (3)：72-76.

杨洪波，王荻，卢彤岩，2013. 松浦镜鲤口灌甲砜霉素对嗜水气单胞菌的 PK-PD 模型分析 [J]. 水产学杂志，26 (2)：49-54.

杨秋红，艾晓辉，刘永涛，等，2017. 不同温度下在斑点叉尾鮰各组织中恩诺沙星及其代谢物的残留及消除规律比较 [J]. 水生生物学报，41 (4)：781-786.

杨秋红，刘欢，李司棋，等，2018. 高效液相色谱-三重四级杆质谱联用法测定水体、底泥和克氏原螯虾中的吡虫啉残留 [J]. 农药, 57 (6)：427-430.

杨秋红, 刘欢, 邹谱心, 等, 2018. 高效液相色谱-三重四极杆质谱法测定克氏原螯虾中二甲戊灵残留 [J]. 色谱, 36 (6)：552-556.

杨秋红, 刘永涛, 艾晓辉, 等, 2013. 孔雀石绿及其代谢物在斑点叉尾鮰体内及养殖环境中的消解规律 [J]. 淡水渔业, 5：43-49.

杨秋红, 杨移斌, 胥宁, 等, 2017. 气相色谱-脉冲火焰光度法测定水产品中的二硫氰基甲烷残留 [J]. 色谱, 35 (8)：881-885.

杨先乐, 2005. 新编渔药手册 [M]. 北京：中国农业出版社.

杨先乐, 2008. 水产养殖用药处方大全 [M]. 北京：化学工业出版社.

杨先乐, 郭珺, 2013. 孔雀石绿的禁用及其替代药物美婷 [J]. 食品科学技术学报, 31 (2)：11-14.

杨先乐, 胡鲲, 2019. 渔药安全使用风险评估及其控制 [M]. 北京：海洋出版社.

杨移斌, 艾晓辉, 宋怿, 等, 2018. 黄芪多糖对中华鳖生长、免疫及抗病力的影响 [J]. 中国渔业质量与标准, 8 (4)：58-64.

杨宗英, 房文红, 周俊芳, 等, 2019. 高效液相色谱/串联质谱法研究溴氰菊酯在中华绒螯蟹体内的富集清除规律 [J]. 江苏农业学报, (3)：709-715.

姚小娟, 王元, 赵姝, 等, 2015. 三氯异氰脲酸和苯扎溴铵对海水养殖源弧菌的抑菌和杀菌效果 [J]. 南方水产科学, 11 (1)：34-38.

叶鑫, 赵依妮, 曹海鹏, 等, 2014. *SpHtp1* 基因在不同种属水霉菌株中的分布 [J]. 华中农业大学学报, 33 (5)：99-104.

殷桂芳, 王元, 房文红, 等, 2016. 反相高效液相色谱法测定对虾组织中噁喹酸残留 [J]. 分析科学学报, 32 (2)：183-187.

俞军, 陈庆堂, 李昌辉, 等, 2016. 姜黄素对大黄鱼组织中磷酸酶活力及血清中细胞因子含量的影响 [J]. 江西农业大学学报, 38 (3)：524-532.

余琳雪, 刘永涛, 苏志俊, 等, 2018. 不同水温下盐酸氯苯胍在斑点叉尾鮰血浆的药代动力学研究 [J]. 浙江农业学报, 30 (10)：1640-1646.

袁海兰, 欧仁建, 胡鲲, 等, 2015. EDTA 联合抗菌药对水霉菌生物膜的影响 [J]. 动物医学进展, 36 (8)：55-58.

袁海兰, 苏建, 胡鲲, 等, 2014. 环境因子对水霉菌生物膜形成的影响 [J]. 微生物学通报, 41 (9)：1829-1836.

张德锋, 刘春, 可小丽, 等, 2017. 一株多重耐药鳢源舒氏气单胞菌的分离、鉴定及其耐药性分析 [J]. 中国预防兽医学报, 39 (12)：981-986.

张德云, 李孟玻, 彭之见, 2005. 高效液相色谱法测定鱼肉中 4 种喹诺酮类药物 [J]. 中国卫生检验杂志, 15 (5)：526-527.

张国亮，吕利群，2016. 高度耐药嗜水气单胞菌的定向诱导及其交叉耐药性分析［J］. 淡水渔业，46（6）：56-63.

张明辉，肖雨，张海强，等，2016. 上海地区9株鱼源病原菌的耐药性监测与分析［J］. 水产科技情报（1）：4-9.

张卫卫，符贵红，王元，等，2016. 阿维菌素在模拟水产养殖生态系统中的蓄积与消除规律［J］. 中国水产科学，23（1）：225-232.

张瑜斌，章虹，柯盛，等，2007. 不同养殖模式虾池弧菌对抗菌药物的耐药性与虾池水质评价［J］. 广东海洋大学学报（1）：42-47.

张卓然，夏梦岩，倪语星，2007. 微生物耐药性的基础与临床［M］. 北京：人民卫生出版社.

赵留杰，王元，常晓晴，等，2018. 盐酸氯苯胍药饵给药条件下在异育银鲫体内药动学和组织分布与消除规律［J］. 海洋渔业，40（2）：227-234.

赵依妮，孙琪，胡鲲，等，2015. 基于GABAA受体评估双氟沙星对异育银鲫的安全性［J］. 水生生物学报，3：598-603.

甄珍，王荻，范兆廷，等，2014. 抑制山女鳟源水霉菌菌丝及游动孢子生长的药物筛选［J］. 中国农学通报，30（35）：116-120.

甄珍，王荻，刘红柏，等，2015. 山女鳟水霉病病原的分离鉴定及其生物学特性［J］. 江西农业大学学报，37（2）：333-338.

中国兽医协会，2017. 2017年执业兽医资格考试应试指南（水生动物类）［M］. 北京：中国农业出版社.

周爱玲，阮记明，曹海鹏，等，2014. 异育银鲫组织 γ-氨基丁酸A受体（GABAAR）的免疫组织化学定位［J］. 中国农学通报，30（14）：33-38.

周宏正，赵燕楠，张祎桐，等，2018. 盐酸氯苯胍在异育银鲫体内的药代动力学研究［J］. 上海海洋大学学报，27（6）：916-923.

周维，汤菊芬，甘桢，等，2015. 溶藻弧菌耐药基因 qnr 的克隆及生物信息学分析［J］. 生物技术，25（5）：414-419.

周维，汤菊芬，高增鸿，等，2016. 哈维氏弧菌 qnr 基因的克隆及原核表达条件优化［J］. 广东海洋大学学报，36（1）：93-97.

朱芝秀，何后军，邓舜洲，等，2012. 嗜水气单胞菌江西地区分离株耐药性及耐药质粒分析［J］. 江西农业大学学报，34（6）：1262-1268.

宗乾坤，徐丽娟，吕利群，2016. 嗜水气单胞菌性鲫败血症的盐酸沙拉沙星用药方案研究［J］. 西北农林科技大学学报（自然科学版），44（6）：46-52.

Ailing Zhou, Kun Hu, Jiming Ruan, et al, 2015. Effect of avermectin (AVM) on the expression of c-aminobutyric acid A receptor (GABAAR) in

Carassius gibelio [J]. Journal of Applied lchthyology，31（5）：862-869.

Cao Haipeng，Xia Wenwei，Zhang Shiqi，et al，2012. *Saprolegnia* pathogen from Pengze crucian carp（*Carassius auratus* var. *pengze*）eggs and its control with traditional chinese herb [J]. Israeli Journal of Aquaculture-bamidgeh，64：1-8.

Fengjiao Zhu，Kun Hu，Zongying Yang，et al，2016. Comparative transcriptome analysis of the hepatopancreas of *Eriocheir sinensis* following oral gavage with enrofloxacin [J]. Canadian Journal of Fisheries and Aquatic Sciences，DOI 10. 1139/cjfas-2016-0041.

Fengjiao Zhu，Zongyin Yang，Yiliu Zhang，et al，2017. Transcriptome differences between enrofloxacin-resistant and enrofloxacin-susceptible strains of Aeromonas hydrophila [J]. PLoS One，12（7）：e0179549. doi：10. 1371/journal. pone. 0179549.

Gilbertson T，1995. Morlified microbiological method for the screening of antibiotics in milk [J]. Journal of Dairy Science，78（5）：1032-1038.

Jiayun Yao，Lingyun Lin，Xuemei Yuan，et al，2016. Antifungal activity of rhein and aloe-emodin from Rheum palmatum on fish pathogenic *Saprolegnia* sp. [J]. Journal of The World Aquaculture Society. DOI：10. 1111/jwas. 12325.

Jiming Ruan，Kun Hu，Haixin Zhang，et al，2014. Distribution and quantitative detection of GABAA receptor in *Carassius auratus gibelio* [J]. Fish Physiol Biochem，40（4）：1301-1311.

Jiuhua Duan，Zonghui Yuan，2001. Development of an indirect competitive ELISA for ciprofloxacin residues in food animal edible tissues [J]. Journal of Agricultural and Food Chemistry，49：1087-1089.

Johnston L，Mackay L，Croft M，2002. Determination of quinolones and fluoroquinolones in fish tissue and seafood by high-performance liquid chromatography with electrospray ionization tandem mass spectrometric detection [J]. Journal of Chromatograpy A，982：97-109.

Jufen Tang，Jia Cai，Ran Liu，et al，2014. Immunostimulatory effects of artificial feed supplemented with a Chinese herbal mixture on *Oreochromis niloticus* against *Aeromonas hydrophila* [J]. Fish & Shellfish Immunology，39（2）：401-406.

Kun Hu，Xinyan Xie，Yini Zhao，et al，2015. Chitosan influences the expression of P-gp and metabolism of norfloxacin in *Ctenopharyngodon idellus* [J]. Journal of Aquatic Animal Health，27：104-111.

Kun Hu, Hao-Ran Li, Ren-Jian Ou, et al, 2014. Tissue accumulation and toxicity of isothiazolinone in *Ctenopharyngodon idellus* (grass carp): association with P-glycoprotein expression and location within tissues [J]. Environmental Toxicology and Pharmacology, 37 (2): 529-535.

Kun Hu, Gang Cheng, Haixin Zhang, et al, 2014. Relationship between permeability glycoprotein gene expression and enrofloxacin metabolism in *Oreochomis niloticus* Linn (Nile tilapia) [J]. Journal of Aquatic Animal Health, 26: 59-65.

Kun Hu, Rongrong Ma, Junming Cheng, et al, 2016. Analysis of *Saprolegnia parasitica* transcriptome following treatment with copper sulfate [J]. PLoS ONE, 11 (2): E0147445.

Mao Lin, Xiaomei Wu, Qingpi Yan, et al, 2016. Incidence of antimicrobial-resistance genes and integrons in antibiotic resistance bacteria isolated from eels and farming water [J]. Disease of Aquatic Organisms, 120 (2): 115-123.

Margarita H, Carme A, Francesc B, et al, 2002. Determination of ciprofloxacin, enrofloxacin and flumequine in pig plasma samples by capillary isotachophoresis-capillary zone electrophoresis [J]. Journal of Chromatography B, 772: 163-172.

Ning Xu, Jing Dong, Yibin Yang, et al, 2016. Pharmacokinetics and bioavailability of flumequine in blunt snout bream (*Megalobrama amblycephala*) after intravascular and oral administrations [J]. Journal of Veterinary Pharmacology and Therapeutics, 39 (2): 191-195.

Ning Xu, Jing Dong, Yibin Yang, et al, 2016. Pharmacokinetics and residue depletion of praziquantel in ricefield eel (*Monopterus albus*) [J]. Diseases of Aquatic Organisms, 119: 67-74.

Pellegrini, G E, Carpico G, Coni E, 2004. Electrochemical sensor for the detection and presumptive identification of quinolone and tetracycline residues in milk [J]. Analytica Chimica Acta, 520: 13-18.

Qi Sun, Kun Hu, Xianle Yang, 2014. The efficacy of copper sulfate in controlling infection of *Saprolegnia parasitica* [J]. Journal of The World Aquaculture Society, 45 (2): 220-225.

Rongrong Ma, Jing Sun, Wenhong Fang, et al, 2018. Identification of *Carassius auratus gibelio* liver cell proteins interacting with the GABA A receptor γ2 subunit using a yeast two-hybrid system [J]. Physiol Biochem, DOI: 10. 1007/s10695-018-0554-5.

Rongrong Ma, Liu Yang, Tao Ren, et al, 2017. Enrofloxacin pharmacokinetics in

Takifugu flavidus after oral administration at three salinity levels [J]. Aquaculture Research, 22 February, 1-9, doi: 10. 1111/are. 13279.

Shaowu Li, Di Wang, Hongbai Liu, et al, 2013. Isolation of *Yersinia ruckeri* strain H01 from farm raised Amur sturgeon, *Acipenser schrenckii* in China [J]. Journal of Aquatic Animal Health, 25 (1): 9-14.

Siya Liu, Pengpeng Song, Renjian Ou, et al, 2017. Sequence analysis and typing of *Saprolegnia* strains isolated from freshwater fish from Southern Chinese regions [J]. Aquaculture and Fisheries, https://doi.org/ 10. 1016/j. aaf. 2017. 09. 002.

Weili Wang, Li Luo, He Xiao, et al, 2016. A pharmacokinetic and residual study of sulfadiazine/trimethoprim in mandarin fish (*Siniperca chuatsi*) with single- and multiple-dose oral administrations [J]. Journal of Veterinary Pharmacology and Therapeutics, 39 (3): 309-314.

Xinmei Lv, Xianle Yang, Xinyan Xie, et al, 2017. Comparative transcriptome analysis of Anguilla japonica livers following exposure to methylene blue [J]. Aquaculture Research, 19 DEC, DOI: 10. 1111/are. 13576.

Xinyan Xie, Yini Zhao, Xianle Yang, et al, 2015. Comparison of praziquantel pharmacokinetics and tissue distribution in fresh and brackish water cultured grass carp (*Ctenopharyngodon idellus*) after oral administration of single bolus [J]. BMC Veterinary Research, 11: 84.

Xuegang Hu, Lei Liu, Cheng Chi, et al, 2013. In vitro screening of chinese medicinal plants for antifungal activity against *Saprolegnia* sp. and *Achlyaklebsiana* [J]. North American Journal of Aquaculture, 75 (4): 467-473.

Yini Zhao, Qi Sun, Kun Hu, et al, 2015. Isolation, characterization, and tissue-specific expression of GABA A receptor α1 subunit gene of *Carassius auratus gibelio* after avermectin treatment [J]. Fish Physiology and Biochemistry, 29: 1-10.

Yuting Deng, Yali Wu, Aiping Tan, et al, 2014. Analysis of antimicrobial resistance genes in *Aeromonas* spp. isolated from cultured freshwater animals in China [J]. Microb Drug Resist, 20 (4): 350-356.

Zongying Yang, Yiliu Zhang, Yingying Jiang, et al, 2017. Transcriptional responses in the hepatopancreas of Eriocheir sinensis exposed to deltamethrin [J]. PLoS One, 12 (9): e0184581. https://doi.org/10. 1371/journal. pone. 0184581.

附录 1　主要名词与术语

Ames 试验：全称污染物致突变性检测。利用组氨酸缺陷型的鼠伤寒沙门菌突变株为测试指示菌，观察其在受试药物作用下回复突变为野生型的一种测试方法。组氨酸缺陷型的鼠伤寒沙门菌在缺乏组氨酸的培养基上不能生长，但在加有致突变原的培养基上培养，则可以使突变型产生回复突变成为野生型，即恢复合成组氨酸的能力，在缺乏组氨酸的培养基上可生长为菌落。通过计数菌落出现的数目，可以估算受试药物致突变性的强弱。Ames 试验的常规方法有斑点试验和平板掺入试验。

氨基酸：组成蛋白质的最基本的结构单位。按动物的营养需求，氨基酸通常分为必需氨基酸和非必需氨基酸两大类。

半数致死量（LD_{50}）：引起一群个体 50% 死亡的剂量，是评价外源性化学物质急性毒性大小最重要的参数，也是对不同外源性化学物质进行急性毒性分级的基础标准。LD_{50} 数值越小，表示外源性化学物质的毒性越强；反之，毒性越低。

半衰期：动物体内药物浓度或药量下降一半所需的时间，是药动学的主要参数之一。

单克隆抗体技术：用特定的抗原免疫纯系动物（如 BALB/C 小鼠），获得分泌针对特定抗原表位抗体的 B 淋巴细胞，由于 B 淋巴细胞不能在体外长期培养，将这种淋巴细胞与同种的骨髓瘤细胞系融合，融合后的杂交瘤细胞可在体外或移植到适合的动物体内产生大量的特异性抗体，达到大量制备特异性抗体的目的。

阈剂量：指外源性化学物质按一定方式或途径与机体接触，能使机体开始出现某种最轻微的异常改变所需的最低剂量。在阈剂量以下的任何剂量都不能对机体造成损害作用，故又称之为最小有作用剂量。但在实际中，观察化学物质对机体造成的损害作用很大程度上受到检测技术灵敏性和精确性的限制，因此，"阈剂量"实际为观察或检测到某种对健康不利的效应的最低剂量（或浓度）水平，也称为最低有害作用水平。

剂型：是指药物根据预防和治疗的需要经过加工制成适合于使用、保存和运输的一种制品形式，或是指药物制剂的类别，例如片剂、散剂、注射剂等。

急性毒性：急性毒性是指受试水产药物在一次或在24h内多次给予实验用水产动物之后，在短时间内对水产动物所引起的毒性反应，它表现了受试水产药物毒性作用的方式、特点以及毒性作用的剂量。

聚合酶链式反应技术：简称PCR技术，是模板DNA在引物和4种脱氧核糖核苷酸底物及Mg^{2+}存在的条件下，依赖于Taq DNA聚合酶的酶促DNA合成反应，用于核酸的检测、分子克隆等。

绝对致死量（LD_{100}）：引起一群个体全部死亡的最低剂量。由于个体差异的存在，在一个群体中可能有少数个体耐受性过高或过低，因此LD_{100}的波动性很大，所以不把它作为评价外源性化学物质的毒性高低或对不同外源性化学物质的毒性大小进行比较的指标。

抗菌活性：指抗菌药物抑制或灭杀病原菌的能力。抗菌活性可通过体外抑菌试验和体内实验治疗方法测定。

抗菌谱：指抗菌药物抑制或杀灭病原菌的范围。依据抗菌谱，可将抗菌药物分为窄谱抗菌药和广谱抗菌药。

抗生素：指细菌、真菌、放线菌等微生物的代谢产物，能杀灭或抑制病原微生物。

慢性毒性试验：是指向受试动物反复多次给药，连续给药超过90d的试验。对水产慢性毒性试验动物而言，给药时间几乎占据生命周期的大部分时间甚至终生。

酶联免疫吸附试验：利用酶标记的抗原或抗体，在固相载体上进行抗原或抗体的检测。常用的标记酶为辣根过氧化物酶（HRP）

和碱性磷酸酶，常用的方法有间接法、直接法、双抗体夹心法和竞争法，用于抗原或抗体检测及病原体的诊断。

每日允许摄入量（ADI）：指人类终生每日随同食物、饮水和空气摄入某种外源化学物而对健康不引起任何可观察到损害作用的剂量。ADI 是根据该化学物的无作用剂量来制定的，一般情况下，化学物的无作用剂量来自动物试验结果，但由于人和动物对化学物的敏感性不同，并且人群中的个体差异也较大，所以用有限的实验动物资料外推到接触人群，把动物数值换算为人类的数值时，需要有一个安全系数，一般为 100。ADI＝实验动物的最大无作用剂量/安全系数。

耐药性：微生物、寄生虫等病原生物多次或长期与渔药接触后，它们对渔药的敏感性会逐渐降低甚至消失，对渔药产生一种习惯性的耐受，致使渔药对它们不能产生抑制或杀灭作用的现象。耐药性包括天然耐药性和获得性耐药性两种，大多由质粒介导，但亦可由染色体介导。

配伍禁忌：指对存在颉颃作用或配伍后会产生更大毒性作用的渔药，不允许配伍使用的一种规则。

兽药：指用于预防、治疗、诊断动物疾病或者有目的地调节动物生理机能的物质（含药物饲料添加剂），主要包括血清制品、疫苗、诊断制品、微生态制剂、中药材、中成药、化学药品、抗生素、生化药品、放射性药品及外用杀虫剂、消毒剂。

兽药批准文件：指兽药产品批准文号、进口兽药注册证书、允许进口兽用生物制品证明文件、出口兽药证明文件、新兽药注册证书等文件。

兽用处方药：指凭借兽医处方方可购买和使用的兽药。

兽用非处方药：是指由国务院兽医行政管理部门公布的、不需要凭兽医处方就可以自行购买并按照说明书使用的兽药。

微囊剂：利用天然的或合成的高分子材料将固体或液体药物包裹而成的微型胶囊。

维生素：是动物机体维持正常代谢和机能所必需的一类低分子

有机化合物，大多数维生素是某些酶的辅酶（或辅基）的组成部分，在动物体内参与新陈代谢。与动物生长时构成身体物质和贮存物质的营养素不同，维生素在体内起着催化作用，它们促进主要营养素的合成与降解，从而控制机体代谢。如果缺乏，会造成动物生长障碍，影响生长，产生各种缺乏症，甚至引起死亡。

微生态制剂： 采用已知的有益微生物，经培养、复壮、发酵、包埋、干燥等特殊工艺制成的对人和动物有益的生物制剂或活菌制剂，有的还含有它们的代谢产物或（和）添加有益菌的生长促进因子，具有维持宿主微生态平衡、提高其健康水平的功能。

无作用剂量： 未观察到不良作用的剂量。指在一定染毒时期内对机体未产生可觉察的有害作用的最高剂量。

新兽药： 是指未曾在中国境内上市销售的兽药药品。

休药期： 也称为停药期，是指从停止给药到允许动物宰杀或其产品上市的最短间隔时间。也可理解为从停止给药到保证所有食用组织中药物总残留浓度降至安全浓度以下所需的最少时间。

亚急性毒性试验： 是为了观察受试动物在较长的时间内（一般在相当于1/10左右的生命时间内）少量多次地反复接触受试渔药所引起的损害作用或产生的中毒作用。亚急性毒性试验又称短期试验、亚慢性毒性试验。

制剂： 是指某一药物制成的个别制品，通常都根据药典、药品标准、处方手册等所收载的比较普遍应用并较稳定的处方制成的具有一定规格的药物制品。

治疗指数： 治疗指数（TI）＝半数致死量 LD_{50}/半数有效量 ED_{50}。

致突变毒性： 是指生物细胞的遗传物质出现可被察觉并可遗传的变化，包括基因突变和染色体畸变。

组方： 方剂的组成成分。组方原则是依据病情来选择药物的组成，并制定相应的剂型。

最大耐受量： 指不会导致水生生物死亡的最高剂量（MTD或

LD_0）。接触此剂量的个体可以出现严重的毒性作用，但不发生死亡。若高于此剂量即可出现死亡。LD_0和LD_{100}一样，也因受个体差异的影响而波动较大，常将它们作为急性毒性试验中选择剂量范围的依据。

最低杀菌浓度：指能够杀灭培养基内细菌的最低浓度。

最高残留限量：也称为允许残留量，指药物或其他化学物质允许在水产品中残留的最高量，是确保水产品质量安全的国家强制性标准。它对评估渔药残留、决定水产品安全性、制定渔药的休药期起着重要的作用。

最高无害作用水平：指外源性化学物质按一定方式或途径与机体接触，未观察到或未检测到任何对健康不利的最高剂量（或浓度）水平，也称为最大无作用剂量。

最低抑菌浓度：指某种药物能够抑制细菌在培养基里生长的最低浓度。

最小致死量：指可导致一群水生生物中个别个体发生死亡的最低剂量。理论上低于此剂量即不能使机体出现死亡。

附录 2 欧盟、美国等国家与组织规定水产品中渔药最高残留限量

药物	种类	组织	最高残留限量 MRL（$\mu g/g$）	制订国家或组织	资料来源
土霉素 (oxytetracycline)	鱼类	肌肉	0.1	联合国	（1）
			0.2	联合国	（10）
	斑节对虾	—	0.1	联合国	（1）
		肌肉	0.1	联合国	（4）
	鲑科	—	0.2	美国	（13）
			0.1	欧盟	（8）
	鲑科鱼类、龙虾	可食组织	0.1	加拿大	（11）
磺胺二甲嘧啶 (sulfadimidine)	—	肌肉，肝脏，肾脏，脂肪	0.1	联合国	（1）
所有磺胺类药物	—	所有食品	0.1	欧盟	（8）
磺胺嘧啶 (sulfadiazine)	鲑科鱼类	可食组织	0.1	加拿大	（12）
三甲氧苄啶 (trimethoprimum)		肌肉	0.1		
Roment 30 — SDM		可食组织	0.1		
Roment 30 — OMP		肌肉	0.5		
		皮肤	1		
氟甲喹 (flumequine)	鳟	正常比例的肌肉和皮肤	0.5	联合国	（7）

（续）

药物	种类	组织	最高残留限量 MRL（μg/g）	制订国家或组织	资料来源
甲砜氯霉素（thiamphenicol）	鱼类	肌肉	0.05	联合国	（6）
溴氰菊酯（deltamethrin）	鲑	肌肉	0.03	联合国	（5）
氟乐灵（trifluralin）	对虾或淡水虾	—	0.001	美国	（13）
噁喹酸（oxolinic acid）	鲑	—	0.01	美国	（14）
甲氧苄啶（trimethoprim）	鱼类	—	0.05	欧盟	（8）
阿莫西林（amoxicyllin）	所有食品	—	0.05	欧盟	（8）
氨苄西林（ampicillin）	所有食品	—	0.05	欧盟	（8）
苄青霉素（benzylpenicillin）	所有食品	—	0.05	欧盟	（8）
氯苯唑青霉素（cloxacillin）	所有食品	—	0.3	欧盟	（8）
双氯青霉素（dicloxacillin）	所有食品	—	0.3	欧盟	（8）
苯唑青霉素（oxacillin）	所有食品	—	0.3	欧盟	（8）
青霉素（G/penethamate）	所有食品	—	0.05	欧盟	（8）
沙氟沙星（sarafloxacin）	鲑科鱼类	—	0.03	欧盟	（8）
金霉素（chlortetracycline）	所有食品	—	0.1	欧盟	（8）
四环素（tetracycline）	所有食品	—	0.1	欧盟	（8）

（续）

药物	种类	组织	最高残留限量 MRL（μg/g）	制订国家或组织	资料来源
埃玛克廷苯甲酸类（emamectin benzoate）	鲑科鱼类	—	0.1	欧盟	(2)
特氟苯剂（teflubenzuron）	鲑科鱼类	—	0.5	欧盟	(2)
除虫脲（diflubenzuron）	鲑科鱼类	—	1	欧盟	(9)
三亚甲基磺酸类	鲑科鱼类	可食组织	0.02	加拿大	(12)
特氟苯剂（teflubenzuron）	鲑科鱼类	肌肉	0.3	加拿大	(12)
特氟苯剂（teflubenzuron）	鲑科鱼类	皮肤	3.2	加拿大	(12)
埃玛克廷苯甲酸类（emamectin benzoate）	—	肌肉	0.05	加拿大	(12)
氟苯尼考（florfenicol）	鲑科鱼类	可食组织	0.1*	加拿大	(12)

注：（1）联合国《世界渔业和水产养殖状况——2002》及 FAO 渔业委员会第 25 届会议，www.fao.org，http：//apps.fao.org/CodexSystem/vetdrugs/vetd～ref/vetd～e.htm；（2）1931/1999/EC（附录Ⅰ）；（3）1942/1999/EC（附录Ⅱ）；（4）JECFA47 号会议（1996）；（5）JECFA52 号会议（1999）；（6）JECFA52 号会议（1999）；（7）JECFA54号会议（2002）；（8）508/1999/EC（附录Ⅰ）；（9）2593/1999/EC（附录Ⅰ）；（10）JECFA58 号会议（2002）；（11）加拿大兽药和卫生局目前批准在水产养殖中使用的药物和 MRL（2003）；（12）加拿大兽药和卫生局目前批准在水产养殖中使用的药物和 AMRL（2003），AMRL 为行政管理的 MRL；（13）美国临时；（14）美国检测限。

加拿大兽药残留 MRL 信息可从：www.hc-sc.gc.ca/english/index.html 查询。特定的 MRL 信息见：www.inspection.gc.ca/english/anima/fispoi/manman/samnem/Bull8e.shtml。

关于修订 MRL 的其他信息可从 www.hc-sc.gc.ca/english/media/releases/2002/2002～08bkl.html 查询。

美国兽药残留 MRL 信息可从 www.fda.gov/cvm/index/updates/nitroup.html 查询。

＊残留标志物为氟苯尼考代谢胺类。

附录 3　国务院兽医行政管理部门规定水生食品动物禁止使用的药品及其他化合物（截至 2019 年 6 月）

序号	名称	农业（农村）部公告	序号	名称	农业（农村）部公告
1	克仑特罗	235 号	17	毒杀芬（氯化烯）*	235 号
2	沙丁胺醇	560 号	18	呋喃丹（克百威）*	235 号
3	西马特罗	235 号	19	杀虫脒（克死螨）*	235 号
4	己烯雌酚	235 号	20	双甲脒*	235 号
5	玉米赤霉醇	235 号	21	酒石酸锑钾*	235 号
6	去甲雄三烯醇酮（群勃龙）	235 号	22	锥虫砷胺*	235 号
7	醋酸甲孕酮	235 号	23	孔雀石绿*	235 号
8	氯霉素（包括琥珀氯霉素）	235 号	24	五氯酚酸钠*	235 号
9	氨苯砜	235 号	25	氯化亚汞（甘汞）*	235 号
10	呋喃唑酮	235 号	26	硝酸亚汞*	235 号
11	呋喃它酮	235 号	27	醋酸汞*	235 号
12	呋喃苯烯酸钠	235 号	28	吡啶基醋酸汞*	235 号
13	硝基酚钠	235 号	29	甲基睾丸酮	235 号
14	硝呋烯腙	235 号	30	丙酸睾酮	235 号
15	安眠酮	235 号	31	苯丙酸诺龙	235 号
16	林丹（丙体六六六）*	235 号	32	苯甲酸雌二醇	235 号

（续）

序号	名称	农业（农村）部公告	序号	名称	农业（农村）部公告
33	氯丙嗪	235 号	57	阿奇霉素	560 号
34	地西泮（安定）	235 号	58	磷霉素	560 号
35	甲硝唑	235 号	59	硫酸奈替米星	560 号
36	地美硝唑	235 号	60	氟罗沙星	560 号
37	洛硝达唑	235 号	61	司帕沙星	560 号
38	呋喃西林	560 号	62	甲替沙星	560 号
39	呋喃妥因	560 号	63	克林霉素（氯林可霉素、氯洁霉素）	560 号
40	替硝唑	560 号	64	妥布霉素	560 号
41	卡巴氧	560 号	65	胍哌甲基四环素	560 号
42	万古霉素	560 号	66	盐酸甲烯土霉素（美他环素）	560 号
43	金刚烷胺	560 号	67	两性霉素	560 号
44	金刚乙胺	560 号	68	利福霉素	560 号
45	阿昔洛韦	560 号	69	井冈霉素	560 号
46	吗啉（双）胍（病毒灵）	560 号	70	浏阳霉素	560 号
47	利巴韦林	560 号	71	赤霉素	560 号
48	头孢哌酮	560 号	72	代森铵	560 号
49	头孢噻肟	560 号	73	异噻唑啉酮	560 号
50	头孢曲松（头孢三嗪）	560 号	74	洛美沙星	2292 号
51	头孢噻吩	560 号	75	培氟沙星	2292 号
52	头孢拉啶	560 号	76	氧氟沙星	2292 号
53	头孢唑啉	560 号	77	诺氟沙星	2292 号
54	头孢噻啶	560 号	78	非泼罗尼	2583 号
55	罗红霉素	560 号	79	喹乙醇	2638 号
56	克拉霉素	560 号			

注：1. 除带 * 的药品外，上述药品还包括其盐、酯及制剂。2. 农业部公告第 235 号规定 30～36 号药品允许做治疗用，但不得在动物性食品中检出。3. NY 5071—2002《无公害食品　渔用药物使用准则》的其他禁用渔药，如滴滴涕、环丙沙星、红霉素等不属于国务院兽医行政管理部门规定禁止使用的药品及其他化合物。

附录 4 国务院兽医行政管理部门 已批准的水产用兽药 (截至 2019 年 6 月)

序号	名称	出处	休药期	序号	名称	出处	休药期
抗菌药				驱虫和杀虫药			
1	氟苯尼考粉	A	375℃·d	13	复方甲苯咪唑粉	A	150℃·d
2	氟苯尼考注射液	A	375℃·d	14	甲苯咪唑溶液（水产用）	B	500℃·d
3	甲砜霉素粉	A	500℃·d				
4	恩诺沙星粉（水产用）	B	500℃·d	15	阿苯达唑粉（水产用）	B	500℃·d
5	氟甲喹粉	B	175℃·d	消毒药			
6	硫酸新霉素粉（水产用）	B	500℃·d	16	吡喹酮预混剂（水产用）	B	500℃·d
7	盐酸多西环素粉（水产用）	B	750℃·d	17	精制敌百虫粉（水产用）	B	500℃·d
8	维生素 C 磷酸酯镁盐酸环丙沙星预混剂	B	500℃·d	18	敌百虫溶液（水产用）	B	500℃·d
9	复方磺胺二甲嘧啶粉（水产用）	B	500℃·d	19	地克珠利预混剂（水产用）	B	500℃·d
10	复方磺胺甲噁唑粉（水产用）	B	500℃·d	20	氰戊菊酯溶液（水产用）	B	500℃·d
11	复方磺胺嘧啶粉（水产用）	B	500℃·d	21	溴氰菊酯溶液（水产用）	B	500℃·d
12	磺胺间甲氧嘧啶钠粉（水产用）	B	500℃·d	22	高效氯氰菊酯溶液（水产用）	B	500℃·d

（续）

序号	名称	出处	休药期	序号	名称	出处	休药期
23	盐酸氯苯胍粉（水产用）	B	500℃·d	40	过氧化氢溶液（水产用）	B	未规定
24	硫酸铜硫酸亚铁粉（水产用）	B	未规定	41	聚维酮碘溶液（Ⅱ）	B	未规定
25	硫酸锌粉（水产用）	B	未规定	42	聚维酮碘溶液（水产用）	B	500℃·d
26	硫酸锌三氯异氰脲酸粉（水产用）	B	未规定	43	硫代硫酸钠粉（水产用）	B	未规定
27	辛硫磷溶液（水产用）	B	500℃·d	44	硫酸铝钾粉（水产用）	B	未规定
杀真菌药				45	氯硝柳胺粉（水产用）	B	500℃·d
28	复方甲霜灵粉	C2505	240℃·d	46	浓戊二醛溶液（水产用）	B	未规定
消毒药				47	三氯异氰脲酸粉	B	未规定
29	苯扎溴铵溶液（水产用）	B	未规定	48	三氯异氰脲酸粉（水产用）	B	未规定
30	次氯酸钠溶液（水产用）	B	未规定	49	戊二醛苯扎溴铵溶液（水产用）	B	未规定
31	蛋氨酸碘粉	B	虾0℃·d	50	稀戊二醛溶液（水产用）	B	未规定
32	蛋氨酸碘溶液	B	鱼、虾0℃·d	51	溴氯海因粉（水产用）	B	未规定
33	碘伏（Ⅰ）	B	未规定	52	复合亚氯酸钠粉	C2236	0℃·d
34	复合碘溶液（水产用）	B	未规定	53	过硫酸氢钾复合物粉	C2357	无
35	高碘酸钠溶液（水产用）	B	未规定	54	含氯石灰（水产用）	B	未规定
36	癸甲溴铵碘复合溶液	B	未规定	**中草药**			
37	过硼酸钠粉（水产用）	B	0℃·d	55	大黄末	A	未规定
38	过碳酸钠（水产用）	B	未规定	56	大黄芩鱼散	A	未规定
39	过氧化钙粉（水产用）	B	未规定	57	虾蟹脱壳促长散	A	未规定

（续）

序号	名称	出处	休药期	序号	名称	出处	休药期
58	穿梅三黄散	A	未规定	82	雷丸槟榔散	B	未规定
59	蚌毒灵散	A	未规定	83	连翘解毒散	B	未规定
60	百部贯众散	B	未规定	84	六味地黄散（水产用）	B	未规定
61	板黄散	B	未规定	85	六味黄龙散	B	未规定
62	板蓝根大黄散	B	未规定	86	龙胆泻肝散（水产用）	B	未规定
63	板蓝根末	B	未规定	87	蒲甘散	B	未规定
64	苍术香连散（水产用）	B	未规定	88	七味板蓝根散	B	未规定
65	柴黄益肝散	B	未规定	89	芪参散	B	未规定
66	川楝陈皮散	B	未规定	90	青板黄柏散	B	未规定
67	大黄侧柏叶合剂	B	未规定	91	青连白贯散	B	未规定
68	大黄解毒散	B	未规定	92	青莲散	B	未规定
69	大黄末（水产用）	B	未规定	93	清健散	B	未规定
70	大黄芩蓝散	B	未规定	94	清热散（水产用）	B	未规定
71	大黄五倍子散	B	未规定	95	驱虫散（水产用）	B	未规定
72	地锦草末	B	未规定	96	三黄散（水产用）	B	未规定
73	地锦鹤草散	B	未规定	97	山青五黄散	B	未规定
74	扶正解毒散（水产用）	B	未规定	98	石知散（水产用）	B	未规定
75	肝胆利康散	B	未规定	99	双黄白头翁散	B	未规定
76	根莲解毒散	B	未规定	100	双黄苦参散	B	未规定
77	虎黄合剂	B	未规定	101	脱壳促长散	B	未规定
78	黄连解毒散（水产用）	B	未规定	102	五倍子末	B	未规定
79	黄芪多糖粉	B	未规定	103	五味常青颗粒	B	未规定
80	加减消黄散（水产用）	B	未规定	104	虾康颗粒	B	未规定
				105	银翘板蓝根散	B	未规定
				106	银黄可溶性粉	C2415	未规定
81	苦参末	B	未规定	107	黄芪多糖粉	C1998	未规定

（续）

序号	名称	出处	休药期	序号	名称	出处	休药期
108	博落回散	C2374	未规定	116	维生素 C 钠粉（水产用）	B	未规定
生物制品				117	亚硫酸氢钠甲萘醌粉（水产用）	B	未规定
109	草鱼出血病灭活疫苗	A	未规定
110	草鱼出血病活疫苗（GCHV-892 株）	B	未规定	激素类			
111	嗜水气单胞菌败血症灭活疫苗	B	未规定	118	注射用促黄体素释放激素 A2	B	未规定
112	牙鲆鱼溶藻弧菌、鳗弧菌、迟缓爱德华菌病多联抗独特型抗体疫苗	B	未规定	119	注射用促黄体素释放激素 A3	B	未规定
				120	注射用复方鲑鱼促性腺激素释放激素类似物	B	未规定
113	鱼虹彩病毒病灭活疫苗	C2152	未规定	121	注射用复方绒促性素 A 型（水产用）	B	未规定
114	大菱鲆迟钝爱德华氏菌活疫苗（EIBAV1 株）	C2270	未规定	122	注射用复方绒促性素 B 型（水产用）	B	未规定
				123	注射用绒促性素（Ⅰ）	B	未规定
115	大菱鲆鳗弧菌基因工程活疫苗（MVAV 6203 株）	D158	未规定	其他			
				124	盐酸甜菜碱预混剂（水产用）	B	0℃·d
维生素类				125	多潘立酮注射液	B	未规定

注：A 为兽药典 2015 年版；B 为兽药质量标准 2017 年版；C 为农业部公告；D 为农业农村部公告。例如：C2505 为农业部公告第 2505 号。

附录 5　水产品质量安全及渔药相关标准以及公告、条例等文件

食品安全国家标准
食品中兽药最大残留限量

水产养殖用抗菌药物药效
试验技术指导原则
（农业部公告 2017 号）

兽药管理条例

兽药注册办法

（新）兽药产品批准
文号管理办法

兽药生产质量管理规范

图书在版编目（CIP）数据

渔药知识手册/全国水产技术推广总站编 . —北京：
中国农业出版社，2020.12
（水产养殖用药减量行动系列丛书）
ISBN 978-7-109-27155-5

Ⅰ．①渔… Ⅱ．①全… Ⅲ．①渔业－用药法－手册
Ⅳ．①S948-62

中国版本图书馆 CIP 数据核字（2020）第 144560 号

中国农业出版社出版
地址：北京市朝阳区麦子店街 18 号楼
邮编：100125
策划编辑：王金环
责任编辑：王金环　　　文字编辑：陈睿赜
版式设计：王　晨　　　责任校对：刘丽香
印刷：中农印务有限公司
版次：2020 年 12 月第 1 版
印次：2020 年 12 月北京第 1 次印刷
发行：新华书店北京发行所
开本：880mm×1230mm　1/32
印张：6
字数：200 千字
定价：36.00 元

版权所有·侵权必究
凡购买本社图书，如有印装质量问题，我社负责调换。
服务电话：010-59195115　010-59194918